创意服装设计系列

丛书主编 李 正

张婕 李晓宇 吴晨露 李正 编著

服饰色彩设计

化学工业出版社

·北京·

内容简介

本书共分为七章，通过学习本书，读者可系统掌握服饰色彩设计的基本理论与科学方法。第一章讲解了色彩的基本原理及服饰色彩设计的目的与意义；第二章从服饰色彩的视觉生理属性与心理属性出发分析服饰色彩；第三章讲解了服饰色彩设计的采集与重构；第四章详细讲解了服饰色彩设计中的配色原则；第五章讲解了服饰色彩搭配中的设计法则；第六章借助案例解析服饰色彩设计的方法；第七章讲解服饰色彩设计在实践中的应用。

本书立足于新时代的服饰设计背景，强调将服饰色彩设计理论与实践应用相结合，阐明服饰色彩设计在服饰设计、发展过程中至关重要的作用，以及其在服饰产品中的附加价值，从而引导服装设计者设计出市场接受度高的作品。

本书适合作为高等院校、高职高专类服装设计专业的教学用书，也可作为广大服装设计师及爱好者的专业参考用书。

图书在版编目(CIP)数据

服饰色彩设计 / 张婕等编著. —北京 ： 化学工业
出版社，2022.9
　　（创意服装设计系列 / 李正主编）
　　ISBN 978-7-122-41871-5

　　Ⅰ．①服… Ⅱ．①张… Ⅲ．①服装色彩-设计 Ⅳ.
①TS941.11

　　中国版本图书馆CIP数据核字(2022)第128700号

责任编辑：徐　娟　　　　文字编辑：刘　璐　　　　　版式设计：中海盛嘉
责任校对：王　静　　　　　　　　　　　　　　　　　封面设计：刘丽华

出版发行：化学工业出版社(北京市东城区青年湖南街13号　邮政编码100011)
印　　装：北京缤索印刷有限公司
787mm×1092mm　　1/16　　印张10¹⁄₂　　字数215千字　　2023年1月北京第1版第1次印刷

购书咨询：010-64518888　　　　　　　售后服务：010-64518899
网　　址：http://www.cip.com.cn
凡购买本书，如有缺损质量问题，本社销售中心负责调换。

序

服装艺术属于大众艺术，我们每个人都可以是服装设计师，至少是自己的服饰搭配设计师。但是，一旦服装艺术作为专业教学就一定需要具有专业的系统性理论以及教学特有的专业性。在专业教学中，教学的科学性和规范性是所有专业教学都应该追求和不断完善的。

我从事服装专业教学工作已有30多年，一直以来都在思考服装艺术高等教育教学究竟应该如何规范、教师在教学中应遵循哪些教学的基本原则，如何施教才能最大限度地挖掘学生的潜在智能，从而培养出优秀的专业人才。因此我在组织和编写本丛书时，主要是基于以下基本原则进行的。

一、兴趣教学原则

学生的学习兴趣和对专业的热衷是顺利完成学业的前提，因为个人兴趣是促成事情成功的内因。培养和提高学生的专业兴趣是服装艺术教学中不可或缺的最重要的原则之一。要培养和提高学生的学习兴趣和对专业的热衷，就要改变传统的教学模式以及教学观念，让教学在客观上保持与历史发展同步乃至超前，否则我们将追赶不上历史巨变的脚步。

意识先于行动并指导行动。本丛书强化了以兴趣教学为原则的理念，有机地将知识性、趣味性、专业性结合起来，使学生在轻松愉快的氛围中不仅能全面掌握专业知识，还能学习相关学科的知识内容，从根本上培养和提高学生对专业的学习兴趣，使学生由衷地热爱服装艺术专业，最终一定会大大提高学生的学习效率。

二、创新教学原则

服装设计课程的重点是培养学生的设计创新能力。艺术设计的根本在于创新，创新需要灵感，而灵感又源于生活。如何培养学生的设计创造力是教师一定要研究的专业教学问题。

设计的创造性是衡量设计师最主要的指标，无创造性的服装设计者不能称其为设计师，只能称之为重复劳动者或者是服装技师。要培养一名服装技师并不太难，而要培养一名服装艺术设计师相对来说难度要大很多。本丛书编写的目的是培养具备综合专业素质的服装设计师，使学生不仅掌握设计表现手法和专业技能，更重要的是具备创新的设计理念和时代审美水准。此外，本丛书还特别注重培养学生独立思考问题的能力，培养学生的哲学思维和抽象思维能力。

三、实用教学原则

服装艺术本身与服装艺术教学都应强调其实用性。实用是服装设计的基本原则，也是服装设计的第一原则。本丛书在编写时从实际出发，强化实践教学以增强服装教学的实用性，力求避免纸上谈兵、闭门造车。另外，我认为应将学生参加国内外服装设计与服装技能大赛纳入专业教学计划，因为学生参加服装大赛有着特别的意义，在形式上它是实用性教学，在具体内容方面它对学生的创造力和综合分析问题的能力有一定的要求，还能激发学生的上进心、求知欲，使其能学到在教室里学不到的东西，有助于开阔思路、拓宽视野、挖掘潜力。以上教学手段不仅能强调教学的实用性，而且在客观上也能使教学具有实践性，而实践性教学又正是服装艺术教学中不可缺少的重要环节。

四、提升学生审美的教学原则

重视服饰艺术审美教育，提高学生的艺术修养是服装艺术教学应该重视的基本教学原则。黑格尔说：审美是需要艺术修养的。他强调了审美的教育功能，认为美学具有高层次的含义。服装设计最终反映了设计师对美的一种追求、对于美的理解，反映了设计师的综合艺术素养。

艺术审美教育，除了直接的教育外往往还离不开潜移默化的熏陶。但是，学生在大的艺术环境内非常需要教师的"点化"和必要的引导，否则学生很容易曲解艺术和美的本质。因此，审美教育的意义很大。本丛书在编写时重视审美教育和对学生艺术品位的培养，使学生从不同艺术门类中得到启发和感受，对于提高学生的审美力有着极其重要的作用。

五、科学性原则

科学性是一种正确性、严谨性，它不仅要具有符合规律和逻辑的性质，还具有准确性和高效性。如何实现服装设计教学的科学性是摆在每位专业教师面前的现实问题。本丛书从实际出发，充分运用各种教学手段和现代高科技手段，从而高效地培养出优秀的高等服装艺术专业人才。

服装艺术教学要具有系统性和连续性。本丛书的编写按照必要的步骤循序渐进，既全面系统又有重点地进行科学的安排，这种系统性和连续性也是科学性的体现。

人类社会已经进入物联网智能化时代、高科技突飞猛进的时代，如今服装艺术专业要培养的是高等服装艺术专业复合型人才。所以服装艺术教育要拓展横向空间，使学生做好充分的准备去面向未来、迎接新的时代挑战。这也要求教师不仅要有扎实的专业知识，同时还必须具备专业之外的其他相关学科的知识。本丛书把培养服装艺术专业复合型人才作为宗旨，这也是每位专业教师不可推卸的职责。

我和我的团队将这些对于服装学科教学的思考和原则贯彻到了本丛书的编写中。参加本丛书编写的作者有李正、吴艳、杨妍、王钠、杨希楠、罗婧予、王财富、岳满、韩雅坤、于舒凡、胡晓、孙欣晔、徐文洁、张婕、李晓宇、吴晨露、唐甜甜、杨晓月等18位，他们大多是我国高校服装设计专业教师，都有着丰富的高校教学经验与著书经历。

为了更好地提升服装学科的教学品质，苏州大学艺术学院一直以来都与化学工业出版社保持着密切的联系与学术上的沟通。本丛书的出版也是苏州大学艺术学院的一个教学科研成果，在此感谢苏州大学教务部的支持，感谢化学工业出版社的鼎力支持，感谢苏州大学艺术学院领导的大力支持。

在本丛书的撰写中杨妍老师一直具体负责与出版社的联络与沟通，并负责本丛书的组织工作与书稿的部分校稿工作。在此特别感谢杨妍老师在本次出版工作中的认真、负责与全身心的投入。

李正 于苏州大学

2022 年 5 月 8 日

前　言

从春去秋来到旭日朝霞，大自然的交替变换与无私奉献，使人类饱览了各种不同色彩的变化。人类对世界的初始印象也是从绚丽的色彩开始的。因此，色彩不仅象征着自然的迹象，同时也象征着生命的活力。在服饰设计的色彩、款式、面料三要素中，色彩是视觉中最响亮的语言，是感观的第一印象，也是服饰色彩最具有感染力的艺术因素。服饰色彩作为服饰设计的重要组成部分，通过服饰色彩设计可以体现出穿着者的内在气质和外在风采，例如不同国家、地区的服饰文化、服饰语言艺术、服饰风格，人们的精神面貌、审美理想、审美情趣和审美水平等。同时，服饰色彩设计带有浓郁的时代背景特点，且依赖于社会的政治、经济、文化、艺术等各方面的综合发展，例如服装设计流行色彩的发布预示着装风格及着装文化的改变与流行。服饰色彩设计中也蕴涵着巨大的社会效益、经济效益和美感效应。良好的服饰色彩设计与搭配能够使品牌的服饰设计在激烈的服装市场竞争中达到广告宣传的效果，形成服饰的社会效益与美感效应，从而产生巨大的经济效益。从这个意义上说，成功的服饰色彩设计是服装的生命象征和美感的体现，也是服装市场获得效益的基础。

本书在前人的教学经验和理论总结的基础上，借鉴吸收了最近的服饰色彩资讯，做了进一步的拓展与探索，并从不同角度和视角分析了设计色彩的相关特征和风格，使色彩研究更加全面并具有较强的艺术性和学术性。

本书内容循序渐进，由浅入深，由表及里，以色彩的基本原理为理论基础，讲解了服饰色彩设计的目的与意义等，并引导读者认识服饰色彩的属性及采集、重构过程，帮助读者快速掌握其配色法则与设计方法。本书还通过对不同服饰系列设计风格的色彩案例进行阐释与分析，结合配色实践案例、主题教学法和课程实践指导实例，帮助读者获得更多的服饰色彩搭配方法、技巧与启迪，提高自己的审美和色彩搭配能力。

本书由张婕、李晓宇、吴晨露、李正编著。苏州知名摄影师潘宇峰先生、苏州高等职业技术学校杨妍老师、嘉兴职业技术学院王胜伟老师、苏州大学艺术学院岳满老师、江南大学博士研究生陈丁丁同学以及苏州大学艺术学院曲艺彬、张嘉慧、叶青、翟嘉芝、杨晓月、景阳蓝、王亚楠、孙月方、赵梦菲、张家豪等同学为本书提供了大量的图片资料，在此表示感谢。

本书是在团队的辛勤写作下完成的。由于受时间所限，书中难免有遗漏及不足之处，恳请各位专家、读者给予指正。

编著者

2022 年 6 月

目　录

第一章　绪论 /001

第一节　色彩的基本原理 /001
　　一、色彩的本质和分类 /001
　　二、色彩的相关概念 /002
　　三、色彩的混合属性 /005
　　四、色彩的体系知识 /007
第二节　服饰色彩的特殊性 /012
　　一、功能的特殊性 /012
　　二、象征的特殊性 /013
　　三、装饰的特殊性 /014
　　四、立体的特殊性 /014
　　五、流行的特殊性 /015
　　六、季节的特殊性 /015
第三节　服饰色彩设计的目的与意义 /015
　　一、设计的实用目的 /015
　　二、设计的经济目的 /016
　　三、设计的美学目的 /017
　　四、服饰色彩设计的意义 /017

第二章　服饰色彩设计的视觉属性 /018

第一节　服饰色彩的视觉生理属性 /018
　　一、人眼构造及其原理 /018
　　二、视域与色域 /020
　　三、视知觉现象 /021
第二节　服饰色彩的视觉心理属性 /025
　　一、情感属性 /026
　　二、联想属性 /033
　　三、象征属性 /035
　　四、环境属性 /037

第三章　服饰色彩设计的采集与重构 /041

第一节　服饰色彩的采集 /041
　　一、自然色彩的采集 /041
　　二、民族服饰色彩的采集 /046
　　三、民间传统艺术色彩的采集 /049
　　四、绘画艺术色彩的采集 /049
　　五、色彩的提取方法与应用 /052
第二节　服饰色彩的重构 /054
　　一、等比例重构 /054
　　二、自由重构 /055
　　三、局部重构 /056
　　四、形色同步重构 /056
　　五、色彩情调重构 /056

第四章　服饰色彩设计的配色原则 /057

第一节　服饰色彩的调和配色原则 /057
　　一、同类色调和配色 /057
　　二、邻近色调和配色 /058
　　三、对比色与互补色调和配色 /059
第二节　服饰色彩的对比配色原则 /060
　　一、冷暖色相对比配色 /060
　　二、明度对比配色 /061
　　三、纯度对比配色 /062
　　四、无彩色与有彩色对比配色 /063
第三节　服饰色彩的渐变配色原则 /063
　　一、同类色渐变配色 /063
　　二、邻近色渐变配色 /064
　　三、无彩色渐变配色 /064

第五章　服饰色彩搭配的设计法则 /066

第一节　服饰色彩设计的形式美法则 /066
　　一、协调与均衡 /067
　　二、比例与分割 /069
　　三、节奏与韵律 /072
　　四、主次与强调 /075
　　五、呼应与衬托 /078
第二节　服饰色彩设计的款式美法则 /080
　　一、A 型廓形色彩设计 /081
　　二、H 型廓形色彩设计 /082
　　三、X 型廓形色彩设计 /083
　　四、T 型廓形色彩设计 /083
第三节　服饰色彩设计的流行美法则 /084
　　一、流行美与流行色概述 /085
　　二、流行美与目标对象 /100
　　三、流行美与面料 /101
　　四、流行美与服装配饰 /102

第六章　服饰色彩的系列设计 /104

第一节　从抽象概念色彩出发的系列设计 /104
　　一、抽象概念色彩的界定 /104
　　二、系列色彩设计的构思与实施 /107
　　三、系列色彩设计案例解析 /111
第二节　从具象要素色彩出发的系列设计 /116
　　一、具象要素色彩的界定 /116
　　二、系列色彩设计的构思与实施 /117
　　三、系列色彩设计案例解析 /123
第三节　从色系原理出发的系列设计 /126
　　一、同类色系设计 /126
　　二、邻近色系设计 /127
　　三、对比色系设计 /127
　　四、渐变色系设计 /129

第七章　服饰色彩设计案例解析 /130

第一节　不同着装对象的服饰色彩设计案例 /130
　　一、男装设计案例 /130
　　二、女装设计案例 /137
　　三、童装设计案例 /144
第二节　不同风格的服饰色彩设计案例 /149
　　一、商务风格 /149
　　二、职业风格 /150
　　三、休闲风格 /154
　　四、运动风格 /155
　　五、民族风格 /156
　　六、古典风格 /158

参考文献 /160
参考文献 /160

第一章
绪　论

随着人类社会文明与历史文化的不断发展，服饰的功能从"遮蔽掩体"的纺织品逐渐演变为"文化礼仪"的标志，人们对服饰的认知从物质层面的使用价值深入到精神层面的审美价值。由此，服饰既是人类生存的物质必需品，同时也是人类装饰自我的审美奢侈品。服饰色彩搭配是服饰设计的要素之一，也是服饰给人感官上的第一印象。人类通过感官认识外部五光十色、绚丽缤纷的世界，利用服饰的不同色彩区别身份阶层，或用装扮突出个体形象，从不同的服装色彩搭配风格中表达自我审美情趣、内在气质、外在风采和自我独特的审美感受。例如，在中国传统封建社会服饰色彩象征身份、等级和阶层，并且各朝各代对服饰色彩的使用都有等级森严的规定，服饰色彩历经了多元化的变迁并最终确立其丰富的象征意义。

服饰色彩设计是以色彩学原理为设计的理论基础，包括色彩的物理学、生理学、心理学等多方面，此外，服饰色彩设计还包含服饰美学中的色彩搭配内容，并受社会制度、民族传统、文化艺术、经济发展等诸多因素的影响。在服饰色彩不断发展的过程中，人们通过对服饰色彩的设计，构建了一个又一个的色彩体系，为色彩搭配提供了相对统一、规范的参考标准。

第一节　色彩的基本原理

色彩，从根源上说是以色光为主体的客观存在，人产生这种视象感觉是基于光、物体对光的反射、人的视觉器官眼睛这三种因素。不同波长的可见光投射到物体上，物体吸收了照射它的可见光的大部分，然后把特定波长的光反射出来，这些反射出来的光经人眼的感应后把信息传递给大脑，再由大脑进行整理，从而形成了关于物体的色彩信息，即人的色彩感觉。因此，光的作用与物体的特征是构成物体色的两个不可缺少的条件，它们互相依存又互相制约。只强调物体的特征而否定光源色的作用，物体色就变成无水之源；只强调光源色的作用不承认物体的固有特性，也就否定了物体色的存在。

一、色彩的本质和分类

没有光就没有色彩，人们凭借光才能看见物体的色彩。如果没有光，我们就无法在黑暗中看到任何形状与色彩，如果光源的条件有所变化，那么物体的色彩也会随之改变。因此，色彩是可见光与人眼共同作用的产物，"光"与"色"密切相关。"光"属于电磁波的一部分，在物理学上是一种客观存在的物质，包括宇宙射线、X射线、紫外线、可见光、红外线和无线电波等。

1666年英国物理学家牛顿在剑桥大学进行了一个关于光和色彩的著名实验：将太阳白光引

进暗室，并使其通过三棱镜投射到白色屏幕上。太阳白光通过三棱镜分解成红、橙、黄、绿、青、蓝、紫七种颜色（图1-1）。据此实验可知：太阳白光是由红、橙、黄、绿、青、蓝、紫七种色光混合而成的复合光。由三棱镜分解出来的色光可用光度计测定，取得各色光的波长。波长在380~780nm之间的电磁波能够引起人的视觉感应，这段波长的光在物理学上叫作可见光，其余波长短于380nm或长

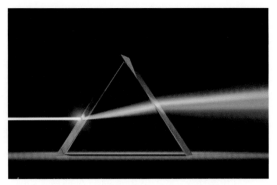

图1-1　三棱镜分解下的太阳白光

于780nm的电磁波都是人眼所看不见的，被称为不可见光。只有可见光是人眼可以看到的，也是我们研究色彩所涉及的范围。色彩实际上是不同波长的光刺激人的眼睛后产生的视觉反应，其物理性质是由光波的波长和振幅两个因素决定的。光波的长度差别决定色相的差别；波长相同，而振幅不同，则决定同色相明暗的差别。

色彩的分类方式有多种，若按其色相进行分类，可分为无彩色与有彩色两大类。无彩色是指白色、黑色，以及经白色、黑色调合形成的各种深浅不一的灰色。无彩色通常按照由白到浅灰、中灰、深灰，最后渐变到黑色的变化规律，排列成一个系列，整体上可用一条垂直轴表示，一端为白，另一端为黑，中间有各种过渡的灰色。纯白是理想的完全反射的颜色，纯黑是理想的完全吸收的颜色。有彩色则一般指的是红、橙、黄、绿、青、蓝、紫等颜色。不同明度和纯度的红、橙、黄、绿、青、蓝、紫色都属于有彩色。无彩色与有彩色都属于色彩体系的一部分，两者具有同样重要的意义，共同形成了相互区别而又不可分割的完整体系。

二、色彩的相关概念

色彩是通过眼、脑和我们的生活经验所产生的一种对光的视觉效应，也是广义上的概念名词，其中还包含着诸多的色彩专有名词概念。

1. 光源色、固有色、环境色

物体色彩的呈现是多方因素影响的结果，比如光源、环境和物体色彩的影响等，因此在不同色彩环境下，同一物体会给人的视觉带来不同的视觉体验。例如，生活中人们穿着的服装的面料并不会发光，我们所看到的服饰色彩都是经光源照射，服装面料对光进行吸收、反射后使人产生视觉中的光色感觉。因此，服饰色彩的实质是光作用于服装材料在人的视觉中产生的反应。服装物体色是由三个因素决定的：一是光源色，即光源的色彩；二是固有色，即服装材料本身固有的色彩属性；三是环境色，即环境的色彩。

（1）光源色。光源是构成色彩的基本条件之一，一般分为自然光源和人工光源两类。太阳光

是主要的自然光源，各色场景灯光是主要的人工光源，同一物体在不同的光源下会呈现不同的色彩。例如，在蓝光照射下的白纸呈蓝色，在红光照射下的白纸呈红色，在绿光照射下的白纸呈绿色。

（2）固有色。固有色指在自然光下物体呈现的色彩效果总和，物体的固有色既取决于光的作用，又取决于个体的特性。物体的色彩是光学与视觉反应的结果，也是由物体对光的反射、透射和吸收所引起的。光学物理实验发现，光线照射到物体上以后物体会选择性地吸收、反射、透射色光，产生吸收、反射、透射等现象。当阳光照射到物体上时，光的一部分被物体表面反射，另一部分被物体吸收，剩下的穿过物体透射出来。对于不透明物体，物体的颜色取决于对不同波长的各种色光的反射和吸收情况，如果物体几乎能反射阳光中所有的色光，那么这个物体看上去是白色的；反之，如果物体几乎能吸收阳光中所有的色光，那么这个物体看上去是黑色的。如果物体的表面平滑如镜，那么入射光基本上被全部反射出来，这种反射现象称为镜面反射，物体表面色彩纯度接近于入射色光的纯度。如果物体表面粗糙不平，入射光产生漫反射，色彩在漫反射过程中不断被消耗，物体表面色彩的纯度也会有所降低。而透明物体的颜色是由它所透过的色光决定的。

（3）环境色。环境色指某一物体周围其他邻近物体反射出的色光，根据物体表面的材质肌理差异，其色彩的光干扰反应不同，会不同程度地影响周围物体的色彩。表面光滑明亮的物体，如玻璃器皿、瓷器、金属器之类的材质反光量大，对其周围物体色彩的影响也较大；反之，表面粗糙的物体其反光量小，对周围环境的色彩影响就比较小。所有物体的色彩都是在某种光源的照射下产生的，同时随着光源色及周围环境色彩的影响而变化。

2. 原色、间色、复色

根据色彩的自身属性与调和次数可分为原色、间色、复色。

（1）原色。原色又称为基色，通常可分为颜料三原色和色光三原色。国际照明委员会（CIE）将色彩标准化，正式确认色光的三原色是红、绿、蓝，颜料的三原色是红（品红）、黄（柠檬黄）、青（湖蓝）。色光混合变亮后产生白光，称为加色混合；颜料混合变深后产生黑色，称为减色混合（图1-2）。

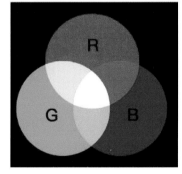
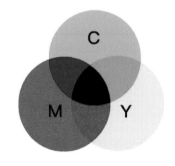

（a）加色混合　　　　　　（b）减色混合

图1-2　加色、减色混合的三原色

颜料三原色也称为美术三原色，其中的任意一色都不能由另外两种原色混合产生，而除原色以外的其他颜色则可由三原色中的任意两色或三色按一定的比例调配出来。

色光三原色由英国物理学家托马斯·杨提出，他认为色觉取决于眼睛里的三种不同的神经，且指出一切色彩都可以从红、绿、蓝这三种原色中得到。1959年赫尔曼·冯·亥姆霍兹对此理论进行了改进，认为一切色彩都可以用红、绿、蓝三种原色的不同比例混合得到，由此奠定了现代色彩理论的基础。1861年物理学家马克思韦尔用放映幻灯的方式，演示了世界上第一幅全彩色影像。在这次著名的实验中，他将同一个物体分别用红、绿、蓝三种颜色的滤镜拍摄出三张幻灯片。然后用三个幻灯机各配上相应的滤镜进行放映，当三个影像准确地重叠在屏幕上时，原物上所有的颜色就重现了出来。马克思韦尔的演示验证了三原色理论和加色法原理。电脑、手机、彩色电视屏幕等就是由红、绿、蓝三种发光的颜色小点组成的。由三原色按照不同比例和强弱混合，可以产生自然界的各种色彩变化。

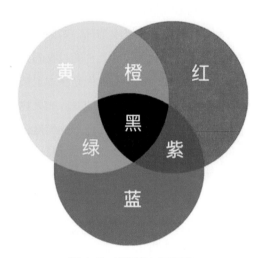

图1-3　三原色与三间色

（2）间色。间色是指由两种原色调和而成的颜色。例如红＋黄＝橙，黄＋蓝＝绿，蓝＋红＝紫，橙、绿、紫就称为三间色（图1-3）。

（3）复色。复色是指由原色与间色、间色与间色或多种间色和原色相配而产生的颜色。其与原色、间色的关系如图1-4所示。

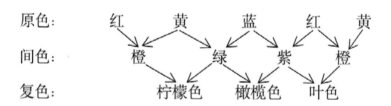

图1-4　原色、间色与复色的关系

3. 色相、明度、纯度

色相、明度、纯度是色彩的三大基本属性，也是服饰色彩设计中常用的色彩属性。

（1）色相。色相是色彩的首要特征，即各类色彩的相貌称谓，它能够比较确切地表示出某种颜色的名称。各种色相的形成从光学物理上讲，是由射入人眼的光线的光谱成分决定的。对于单色光来说，色相取决于该光线的波长；对于混合色光来说，则取决于各种波长光线的相对量，即物体的颜色是由内光源的光谱成分和物体表面反射的特性决定的。其中，红、橙、黄、绿、青、紫色组成了色彩的基本色相，纯色色相通过等距离分割，形成十二色相环、二十四色相环（图1-5、图1-6）。

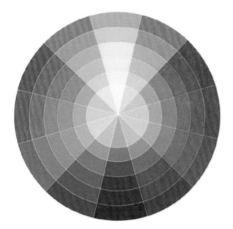 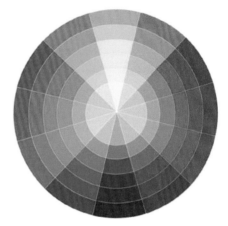

图1-5　十二色相环　　　　　　　　　　　　　图1-6　二十四色相环

（2）明度。明度指色彩的明暗深浅程度，是区别色彩明暗强弱的视觉感知。改变色彩明度最常用的方法就是加入无彩色。无彩色指白色、黑色以及由白色和黑色调合形成的各种深浅不同的灰色。纯白是完全反射的物体色，纯黑是完全吸收的物体色，中间含有各种过渡的灰色。色彩的明度表现有以下两种情况。一是指同一色相中的不同明度。同一颜色在强光照射下显得明亮，弱光照射下显得较灰暗模糊，同一颜色加入黑色之后明度会变亮，加入白色之后其明度会变暗。二是指各色相色彩间的明度也会有所不同，每一种纯色都有与其相应的明度。黄色、黄绿纯色为高明度色，红色、绿色纯色为中明度色，蓝色、紫色为低明度色。同时，色彩的明度变化也会影响到纯度，如蓝色加入黑色以后明度与纯度都降低了；但若是蓝色加入白色，则明度提高了，纯度却降低了。

（3）纯度。纯度指色彩的饱和程度或纯净程度，即色彩中所含色彩成分的比例。当一种色彩中混入黑色、白色或其他彩色时，色彩的纯度就会产生变化。色彩中含其他色彩的成分的比例愈大，则色彩的纯度也愈低；含其他色彩的成分的比例愈小，则色彩的纯度愈高。

三、色彩的混合属性

色彩的混合属性有加色、减色、空间混合三类混合表现形式。我们日常所见的色彩大多由多种色彩混合而成，即由两种或两种以上的色彩混合而成的视觉混合，也被称之为色彩混合。色彩的混合类别主要有三种：加色混合、减色混合、空间色混合。

1. 加色混合与色光三原色

加色混合又称加光混合或色光混合，其特点在于混合的色彩成分越多，混出的色彩明度越高。加色混合的过程中，会产生新的色相。以红色、绿色、蓝色三种色光作为原色，可以混合得到色谱上的全部色彩。加色混合的效果如下：

红色＋绿色＝黄色（间色）

绿色＋蓝色＝蓝绿色（间色）

蓝色＋红色＝品红色（间色）

若用色光三原色与它相邻的三间色混合，可得色光的第二次色，以此类推，可得出近似光谱的色彩。在色相环上夹角呈180°的色光称为互补色色光，若两种互补色色光混合比例相当时会产生白色光。同时，当全部色光混合时，也会形成白色的复色光。

2. 减色混合与颜料三原色

减色混合是物质性的色彩混合，即指那些物质性的、具有吸光性的色彩混合。减色混合的特点与加色混合性质相反，其混合的色彩成分越多，混出的色彩明度、纯度也越低。以红、黄、蓝三种颜料作为原色进行混合，混合后形成黑灰色。减色混合分为颜料混合与叠色混合。颜料混合指各种颜料或染料颜色混合出新的颜色，在光源不变的情况下，两种或两种以上的颜料混合后，减去各种颜料吸收的光，剩余的反射色光就成为混合后的颜料色彩。混合后色彩的明度、纯度都降低，色相也发生变化。混合的颜料色彩越多，白光被减去的吸收光也越多，相应的反射光也就越少，最后呈黑灰色。品红、柠檬黄、湖蓝是颜料中的三原色，又称为第一次色。三原色中两种不同的颜色相混得到三种色彩的三间色，又称为第二次色。用三间色分别与其相邻的三原色相混得到三复色，又称第三次色。

3. 空间色混合

在大自然和我们日常的生活中，大多数色彩都含有空间混合的原理。例如，法国印象派画家就是在色彩科学理论的启发下，将牛顿发现的色光的本质和色彩的光觉现象具体运用在绘画上，摒弃了原有的对物体色彩的单一理解，以及对色彩与光线关系的狭隘认知。印象派画家们通过对大自然中光、色奇妙变化的观察，以纯色小点并置的空间混合手法表现真实的世界，从而扩大了色彩的表现领域。在色彩的混合、并置中产生了不同的色彩视觉效果，给观者带来了朦胧美的视觉感受。色彩的空间混合效果与视觉距离有关，即在一定的视觉距离之外才能产生混合，距离越远，混合效果越明显。此外，空间混合的效果与形状的排列也有密切关系：排列得越有秩序，混合的效果越显单纯、安静，且不失活跃感。如果排列得太杂乱，会产生不安定、眩目的色彩效果，形象的清晰度也会相应受到影响。总之，空间混合的混色效果具有以下三大特点：其一，近看色彩丰富，远看色调统一，不同的视觉距离有不同的色彩效果；其二，色彩混合后有颤动感，适合表现光感；其三，变化混合色的比例，可以使用少量色而得到配色多的效果。

四、色彩的体系知识

为了方便人们认识、理解和使用色彩，科学家、色彩学家和艺术家构建了各自的色彩体系，并建立了相对统一的色彩标准。色彩有色相、明度、纯度三种属性，因此每一种颜色具有三维因素。在色彩学上，将一个以色彩的三维因素组成的立体的类似球形或复锥形的色彩组合体称为色立体。色立体是以三维空间方式表述色彩的形式构成的立体色彩图，它以白在上、黑在下的明度序列为中轴，以纯度序列为半径，水平面以中轴为圆心，形成等差色相环列。我们可以利用它，以坐标方式对复杂多变的色彩做系列的秩序组合，以此揭示色彩世界众多颜色之间的关系。目前在国际上应用最为广泛、权威的色彩体系有：孟塞尔色彩体系、奥斯特瓦尔德色彩体系、NCS色彩体系、日本色彩研究会（PCCS）色彩体系以及潘通（PANTONE）色彩系统（表1-1）。

表1-1　色彩体系、系统汇总

名称	孟塞尔色彩体系	奥斯特瓦尔德色彩体系	NCS色彩体系	日本色彩研究会（PCCS）色彩体系	潘通（PANTONE）色彩系统
发明人	孟塞尔	奥斯特瓦尔德	瑞典色彩研究所	日本色彩研究所	劳伦斯·赫伯特
发明时间	1943年	1921年	1930年	1964年	1953年
色相环主色	红、绿、黄、蓝、紫	红、黄、橙、紫、群青、绿蓝、海蓝、叶绿	红、绿、黄、蓝	红、绿、黄、蓝	无
色相级数	100级	24级	400级	24级	无
明度级数	30级	8级	100级	9级	无
色卡标准色	1737色	584色	1950色	1071色	3000色
色空间是否对称	否	是	是	否	否

◁1.牛顿色环和色立体

牛顿色环为色彩体系的建立与表达奠定了理论基础，是基于二维色彩色相的平面关系的表示方法。英国科学家牛顿发现太阳光经过三棱镜折射，会显出红、橙、黄、绿、青、蓝、紫七色的色光带谱。牛顿把太阳光谱中的颜色位置用一个圆环表示出来，将圆环六等分，并在每一份中分别填入红、橙、黄、绿、蓝、紫六个色相，分别表示三原色、三间色、邻近色、对比色和互补色间的相互关系。后来，在此基础上又发展了10色色相环、12色色相环、24色色相环、100色色相环等。牛顿色相环虽然体现了色彩中色相属性的变化，但二维平面的色彩框架无法清晰全面地表现色相、明度与纯度三属性间的关系，因此，在此基础上进一步构建了色彩体系。

由于色彩的色相、明度和纯度三属性之间存在相互依存、相互穿插的三维空间关系，因此，采用三维直角坐标的立体模式来表现色相、明度、纯度关系的一种表色方法，被称为色立体。若以地球仪作为色立体的模型，色彩的关系可用图1-7的位置和结构来表示：赤道线代表色相环，纵轴南北两极连接成中心轴，北极为白，南极为黑，北半球为亮色系，南半球为深色系。球表面一点到与中心轴垂直的线上，表示纯度系列，球心到球表面之间为灰色系。色立体球的表面是纯色或纯色加黑、白色形成的清色系色组，球体内部是纯色加灰色形成的浊色系色组。色立体是一个理想化了的示意图，目的是为了使人们更容易理解色彩三属性的相互关系。色立体中的各种色彩是按照一定的秩序排列起来的，其色相秩序、纯度秩序、明度秩序都指示着色彩的分类、对比、调和等色彩规律，其存在的功能与建构的意义相当于一本配色词典，丰富并开拓新的色彩思路。

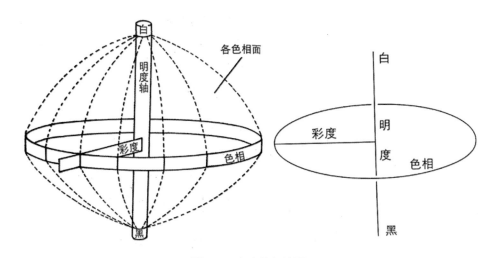

图1-7　色立体架构图

2.孟塞尔色彩体系

孟塞尔色彩体系是由色相（H）、明度（V）、纯度（C）三个维度构成的色彩体系，目的是使各种色彩间的关系表达更准确。孟塞尔色彩体系的中心轴是由黑色、灰色、白色等分为10级的明度标尺，黑色（BL）为0级，白色（W）为10级，中间1~9级是等分明度的深浅灰色。无彩色的立体中心轴以N为标志，最深的无彩色黑色可写作N/1，最浅的无彩色白色为N/9。

自中心轴至外围的垂直水平线构成了纯度轴，横向越接近外围的纯色其纯度也越高。孟塞尔色相环以红（R）、黄（Y）、绿（G）、蓝（B）、紫（P）五个为主要色相，邻近两个色相之间再分别插入黄红（YR）、黄绿（YG）、蓝绿（BG）、蓝紫（BP）、红紫（RP）共同组成十个主要色区，每个色区又分为十个色阶，色相的排列顺序按照光谱色作顺时针方向的系列排列。孟塞尔色立体的色相标识符号红 5R4/14、黄 5Y8/12、绿 5G5/8、蓝 5B4/8、紫 5P4/12、黄红 5YR6/12、黄绿 5YG7/10、蓝绿 5BG5/6、蓝紫 5BP3/12、红紫 5RP4/12（图 1-8）。

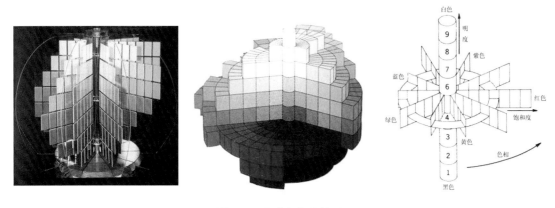

图 1-8　孟塞尔色彩体系

3. 奥斯特瓦尔德色彩体系

奥斯特瓦尔德色彩体系又称为奥氏色立体，是以红色、黄色、橙色、紫色、群青、绿蓝、海蓝、叶绿为 8 个基本色相，每一色相再进行三等分共同形成 24 色相的同色相三角色立体，按照色环的顺序组成一个圆锥体的色彩系统（图 1-9）。

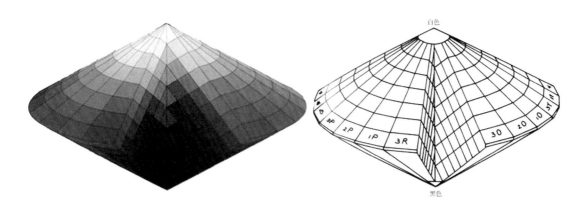

图 1-9　奥斯特瓦尔德色彩体系

4.NCS 色彩体系

NCS 色彩体系是瑞典色彩中心于 1964 年正式发布的色彩系统，以红、黄、绿、蓝四色为基准色，按光谱逆时针呈十字状排列在色相环上，其中，每两种基准色之间的间隔被分成 100 等格，同时纯度和明度都分了 100 级。色彩体系中的最右端代表纯色，用 C 表示，中心纵轴表示无彩色系，顶端为白色用 W 表示，底端为黑色用 S 表示。与奥斯特瓦尔德色彩体系一样，C 到 S 连线及平行线为等白系列，C 到 W 方向为等黑系列，纵向平行线是等纯度系列，且每种颜色都符合 S（黑度值）+W（白度值）+C（彩度值）=100。

5. 日本色彩研究会（PCCS）色彩体系

PCCS 色彩体系是日本色彩研究所研制的，简称为日本色研配色体系（图 1–10）。PCCS 色彩体系以孟塞尔色彩体系和奥斯特瓦尔德色彩体系为基础，将色彩三属性尺度化，形成等距离的配置。PCCS 色彩体系将色彩分为 24 个色相、17 个明度色阶和 9 个彩度等级，再将色彩群外观色的基本倾向分为 12 个色调，分别以清色系、暗色系、纯色系、浊色系色彩命名。明暗中轴线由不同明度的色阶组成：靠近明暗中轴线的色组是低纯度的浊色系色调，如 Ltg 色组、g 色组；远离中轴线的色组是高纯度，如 v 色组、b 色组；靠近明暗中轴线上方的色组是高明度的清色系，如 p 色组、Lt 色组；中轴线下方的色组是低明度的暗色系，如 dp 色组、dk 色组；中央地带色组的明度、纯度居中，如 d 色组（表 1–2）。

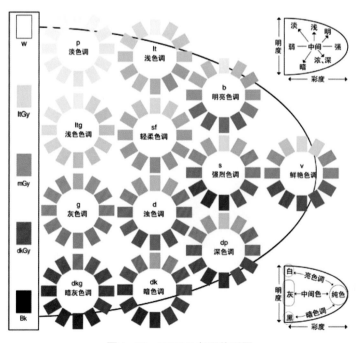

图 1–10　PCCS 色彩体系图

表1-2　PCCS 色彩体系纯度、明度、色调统计

色组	明度	纯度	色调
v色组	高	高	鲜艳色调
b色组	高	高	明亮色调
s色组	高	高	强烈色调
dp色组	高	高	深色调
lt色组	高	中	浅色调
sf色组	中	中	轻柔色调
d色组	中	中	浊色调
dk色组	低	低	暗色调
p色组	高	偏低	淡色调
ltg色组	中	偏低	浅色调
g色组	低	低	灰色调
dkg色组	低	低	暗灰色调

6. 潘通（PANTONE）色彩系统

潘通是国际色彩交流系统与色彩研究机构，也是色彩系统的供应商，为包括数码、纺织、服装、印刷、塑胶、绘图及室内设计等领域提供专业的色彩评价标准。如今，世界各国已广泛采用了美国潘通统一的专色标准。色卡是用来表达颜色信息的对标参照物，潘通色卡就是色彩系统中用于交流信息的统一标准语言。美国潘通把自己能生产的油墨制作成色彩卡片，将其印刷在光面铜版纸上，并按照001、002的规律来编号。潘通色号一般是将颜色以数字和字母混合的方式构成，其编成的序列号与所代表的颜色一一对应，如18-1227TPX、256U、256C 分别代表不同的颜色。色号数字后面的字母代表色号的种类，C 代表光面铜版纸，U 代表哑面书纸，TPX 代表纺织类纸版，TC 代表棉布版色卡等（图1-11）。以纺织服装相关制造产业为例，当你需要印染某种色彩的面料时，只要告诉对方色号，对方就可以依据潘通色彩系统查到色号对应的颜色，并按照标准进行印染。作为生产中的统一色彩标准，潘通色彩系统既方便从业者满足用户的需求，也稳定了色彩质量，从而提高设计和生产的效率。

图1-11 潘通色卡

第二节 服饰色彩的特殊性

服饰色彩指包含内外衣、上下装、帽、鞋、袜、围巾、首饰、包等服装及其配件在内的整体色彩效果。服饰色彩不是孤立存在的，人及其穿着的服装都处在一个环境和社群之中，依现实生活而定，具有随机应变的能力，不同地域、环境、场所、文化、信仰、习俗、建筑等因素都能使服装色彩发生变化。因此，服饰色彩会涉及人与社会环境间的色彩关系，在不同语境下也会有多重、多变的特殊性。

一、功能的特殊性

服饰色彩既具有审美艺术性，又具有实用功能性，通过色彩显示不同的职业与穿着目的性。例如，人的性别、年龄各异，体形有高矮、胖瘦，成衣及饰品是兼具实用性和艺术性的商品，其着装的最佳效果需要显示出着装者的体形优点。通过服装色彩对人体体态进行取长补短，使不同身材与脸形的人在视觉上得到美的调整和加强，并适合各个年龄层次人们的需要，使用合适的色彩展示着装者的气质。根据着装者所在的场所、位置及人们对其视认的难易和强弱，服饰的色彩会有其各自的特色。例如，中小学生校服帽子的颜色都使用了视认度较高的黄色，因为黄色在以黑灰色马路为背景的色调中视认度高，容易引起人的视觉注意以提醒安全（图1-12）；陆军的服装色彩，为便于隐蔽作战，融于自然色彩环境而不显露自己，选用了绿色或绿色调的彩色；体育运动员的服装，常用强烈而饱和度高的对比色，以达到刺激神经高度兴奋，也有相互衬托和易于辨认的作用。

图1-12　头戴黄帽的小学生

二、象征的特殊性

服饰色彩在某种程度上能够反映出社会风貌与时代特色，对服饰色彩的设计与选择自然受到社会道德、文化、风尚的制约与影响。同时，也反映出服饰穿着者各自的社会地位及身份特点。服饰色彩既给人以物质上的影响，又给人以精神上的感受。"观其服，知其人"，服装色彩能够体现出着装者的喜好，也能反映出着装者的精神气质与艺术修养。

1. 古代不同身份等级标识

在不同的时代和历史的演变中，服装色彩反映了时代文明特征和社会审美风貌。在原始社会时代，人类利用自然色彩来纹面、纹身以躲避猛兽或被识别身份。在奴隶社会时期，服装颜色与祭祀密切相关：穿青色服装以祭天，穿玄色服装而祭祖，穿黄绿色服装而祭桑，并将红、黄、青、黑、白五色视为代表高贵与权威的正色，将这五色之间互调后形成的间色视为低等之色。中国古代封建社会的服装色彩被视为区别人与人之间身份高低、尊卑、贵贱的符号和象征，并在不同朝代体现出不同的色彩认识和文化风俗，赋予各历史时代特色的服饰文明与精神象征。各朝代对色彩的规定虽有不一，但总体而言平民的服装常以青、白素色为主；贵族的服装色彩更丰富鲜艳，但严格禁止使用某些色彩，如黄色。黄色象征尊贵，古代天子以黄色作为专有用色，它代表着光明、灿烂，因此也用黄色来进行辟邪。此外，古代强调"男女有别，男尊女卑"的观念，男、女服饰用色也有所区别。人们通过着装向他人表现自我的社会地位、自我的性格，或有意识地凸显自身的经济实力和社会地位，展现着自我的文化修养与审美偏好。

2. 不同地域、民族文化的象征

服饰色彩受不同国家、民族的风土人情、传统习惯、文化艺术、生活条件和经济状况等因素的影响，能够展现不同地域、不同民族间的文化传统与民族风俗，即服饰色彩的民族象征性。不同宗教信仰、文化习俗地域内的各民族其生活条件，特别是自然条件不同，促使他们在长期的选择中逐渐形成具有民族特色的颜色偏好，并具备不同的象征含义。例如，西方人结婚时新娘的婚礼服大多用白色，象征着爱情的纯洁；在中国的传统文化与民族色彩的固有认知中，红色象征喜庆、热烈、吉祥，所以在节日、庆典、婚礼中常以红色服装作为主色，在视觉上大量使用红色这一暖色调，以吸引人的注意，营造出欢乐、温暖的氛围。相反，白色和黑色通常会与悲伤、恐怖、死亡联系在一起，所以丧服及其用品常以白、黑色为主。同时，中国的服装色彩在使用上也具有吉祥色和忌讳色的民间特性。红色除了含有喜庆、欢乐的意义外，也作为护身、防灾之色。例如，根据中国传统习俗，人在本命年时都会穿红色贴身内衣裤、袜子，系红色腰带等作为辟邪之物。

三、装饰的特殊性

服饰色彩以"衣"为载体，以"人"为依据，运用对比调和的手法表达装饰的情趣与意味。服饰色彩的丰富性给人带来强烈、多元的视觉感受，既装饰了服装，又营造出了穿着的氛围感。

四、立体的特殊性

服饰设计又有"软雕塑"的美称，以各种色彩、各类材质的面料为物质基础，运用编、织、钩、褶、叠、印等工艺对面料进行再造处理（图1-13）。由此，服饰色彩从二维平面状态转换成三维立体状态，此时既要注意服饰正面、外侧面的色彩，还要注重其背面、内侧面的色彩，使得服饰整体都能保持协调统一的感觉。

图1-13　某品牌2022/2023秋冬女装立体钩针裙

五、流行的特殊性

　　服饰色彩具有流行性，即人为对色彩设定流行时间周期以显示服饰的潮流性。服饰的流行性源自消费者的从众行为，是一种消费心理与消费趋向，其中既包含服饰的款式、面料的流行，也包含服饰的色彩流行。这种流行趋势的实质是在对社会消费心理的变化进行大量研究和分析的基础上，归纳总结出来的理论成果。例如，流行色的预测就是国际上一些权威的色彩机构，根据色彩消费者的生理需求、心理变化以及社会文化审美走向，进行的一种对未来社会将要流行的色彩的预测，它是对色彩流行趋势的一种预测，也具有较高的权威性。总之，服饰色彩的流行性使色彩在循环往复中呈现出新的设计灵感与生命力。

六、季节的特殊性

　　季节的特殊性指人们的潜意识中，对四季环境及与其相适应的服饰色彩的一种感知、理解与应用，即人们的服饰色彩与其所在的四季气候及自然环境变化相协调。如春、夏季节万物复苏、生机勃勃，人们偏好选择冷调、色相明快、明度高、纯度高，且对太阳色光反射色量多的色彩；秋、冬季节万物凋零、萧瑟寂寥，人们偏好选择暖调、色相暗沉、明度低、纯度低，且对太阳色光吸收量多的色彩。

第三节　服饰色彩设计的目的与意义

　　"衣食住行"以"衣"为首，而服饰色彩是服饰设计中的一个重要部分，它起着美化服装，引起消费者购买欲望，并给人以新颖、舒适、愉快心理感受的作用。随着现当代美学思想逐步深入人心，服装被视为人体的一个部分且愈加与人们的生活密切相关。因此，服饰色彩设计对提高产品的档次和竞争力，满足人们对美的追求和表达自我个性和情感等方面具有现实的意义。

一、设计的实用目的

　　服饰色彩所具有的实用性功能也体现出服饰设计中的物质特性，既以实用作为主要目的，又常通过色彩的装饰效果来显示不同的艺术效果和着装者的职业。人的性别、年龄各异，体形有高矮、胖瘦之分，成衣及饰品是兼具实用性和艺术性的商品，其着装的最佳效果需要显示出着装者的体形优点。通过服装色彩对人体体态进行修饰，使不同身材与脸形的人在视觉上得到美的调整和加强，并适合各个年龄层次人们的需要。根据着装者所在的场所、位置及人们视认的难易和强弱，服饰的色彩会有其各自的作用。例如，户外运动服、登山服的设计多采用与自然色彩差异较大，纯度、彩度较高的色彩（图1-14）。

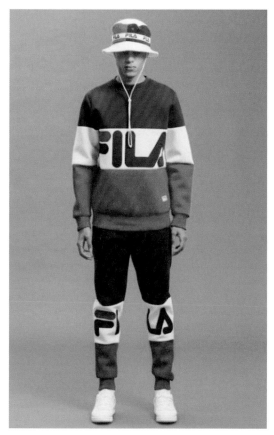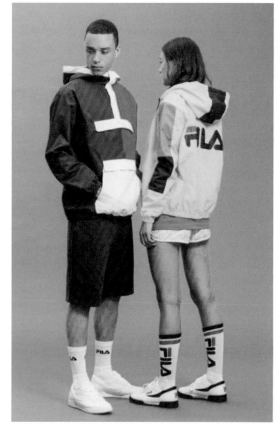

图 1-14　斐乐品牌 2016SS 男女装户外运动服

二、设计的经济目的

　　视觉色彩会令人形成对商品的第一印象，据调查表明，人们在挑选商品的时候会存在"7秒钟定律"，即面对琳琅满目的商品人们只需 7s 就可以判断是否感兴趣。在这短暂而关键的 7s 内，色彩的作用占到 67％，也成为人们决定是否购买该商品的重要因素。这是因为色彩会使人产生视色素兴奋的视觉现象，色彩视觉是物质作用于人的视觉器官而产生的一种生理反应。这种反应作用于人的心理会引起相应的心理反应。同时，每一种色彩都蕴含不同的情感语言，代表人们不同的情绪，不同的色彩搭配会丰富人们的情感，也更能让人引起思想的共鸣，造成情感上的互动，从而触动消费。

　　色彩的多样性满足了消费者色彩选择的多样性需求，使色彩具有低成本、高附加值的功效。国际流行色协会数据表明：在不增加成本的基础上，通过改变服饰色彩设计，可以增加 10％ 左右的附加值。例如，在很多外形类似的小饰品的色彩运用上，首先给人最直观的感受是色彩丰富。缤纷的色彩拓展了消费者选择的宽度，利用色彩增加产品的附加值提高产品本身的价值，也大大提升了消费的可能性。

因此，色彩具有塑造性格和开拓市场的功能，服饰色彩设计在服饰设计中具有促进消费、推销商品的经济意义，正确运用色彩因素不仅可以使服饰品牌顺利实现营销目的，使其在激烈的市场竞争中占据优势地位，还能对外准确地传达服饰设计中的艺术美。

三、设计的美学目的

服饰设计是运用一定的思维形式、美学法则和工艺技术，将设计构想进一步实物化的全过程。服饰作为人类生活的产物，是群体及个人审美观的展现。服饰艺术设计包括衣物的造型及色彩的搭配，服装与服饰配件之间的整体协调美，服装与材料之间的和谐性，服装造型与空间环境的相融性等。其中，色彩要素更是服装设计与服饰审美中至关重要的部分。服饰色彩的设计除了与时代背景、社会环境、文化观念等密切相关外，还受到时尚、流行和传统美学思想的影响。服饰色彩的美学目的是为了更好地装饰人体，体现出人在穿着服装后的整体美感。服饰色彩设计的过程即是服务人、思考人、美化人的过程。服饰色彩设计的特殊性也在于它是以各种不同的人作为造型的对象。应根据个人的外在形体特征、内在心理因素、不同的服装款式和造型进行服饰色彩设计。

四、服饰色彩设计的意义

服饰色彩设计就是一个对诸多色彩要素进行整理、归纳、提出设想和方案的过程。物理学家把色彩视为光学来研究，化学家研究颜料的配制原理，心理学家研究色彩对生活的影响，医生和生理学家研究色彩与视觉和身体器官的反应关系，画家用色彩来表达思想情感，服装设计师则研究如何融汇以上各家所研究的内容，进行色彩再组合分析，将它用于人体上并表达、设计出美的综合效果。由于服装给人的第一印象往往是色彩，人们通常也会根据服装配色的优劣来决定对服装的选择，在观察着装者时，也总是根据直观的第一色彩感觉来评价着装者的性格、喜好和艺术修养。因此，色彩对服饰的影响是极大的，也是服饰设计理念中是最为关键的要素之一。不同时代人们对服饰色彩赋予不同的理解，服饰色彩具有实用功能性、社会象征性、审美性等的特点。

第二章
服饰色彩设计的视觉属性

服饰设计包括色彩、造型、面料，三者缺一不可。其中，色彩作为服饰设计中的重要组成部分，会给人带来第一视觉反应及整体视觉效果。本章从服饰色彩的视觉生理属性、视觉心理属性两方面展开，对色彩产生的生理基础到色彩在大脑中引起的心理反应进行阐述，通过不同的视角了解色彩，有利于我们进一步研究和应用服饰色彩。

第一节　服饰色彩的视觉生理属性

现代科学研究资料表明，一个正常人从外界接收的信息，78% 以上是由视觉器官输入大脑的。所有的色彩感觉都是建立在人的视觉器官这一生理基础上的。服装被称为可被观赏的、行走的艺术，也就是说，服饰色彩的美感与艺术效果是通过人的视觉器官传递到大脑而产生的。第一章所述色彩的基础知识为服饰色彩的学习与研究奠定了基础，在此基础上，我们将围绕色彩与人的视觉生理有关的问题进行阐述。

一、人眼构造及其原理

视觉的形成离不开人类的视觉器官——眼睛，眼睛呈球状，故也称眼球。眼球内具有独特的析光系统。在光线充足的情况下，人眼可以识别彩色和非彩色物体，而在昏暗的情况下，人眼仅能辨别白色和灰色。这是因为视网膜中含有感光细胞：视锥细胞和视杆细胞，这些感光细胞把接收到的色光信号传到神经节细胞，再由视神经传到大脑皮层枕叶视觉中枢神经，最终产生色感。

1. 眼球的主要组成部分

眼球包括眼球壁、眼内壁、内容物、神经、血管等组织。眼球壁由外、中、内三层膜组成。外层是坚韧的囊壳，起到一定的保护作用，称为纤维膜，它由角膜、巩膜组成，前 1/6 为透明的角膜，后 5/6 为白色不透明巩膜。中层由于颜色似黑葡萄，故称葡萄层（或色素层、血管层），具有丰富的色素和血管，它由虹膜、睫状体和脉络膜三部分组成。内层部分为视网膜，是一层透明的膜，也是进行视觉神经信息传递的第一站，具有很精细的网络结构及丰富的代谢和生理功能（图 2-1）。

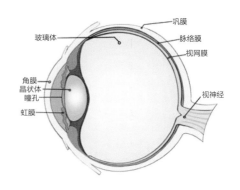

图 2-1　眼球构造

（1）角膜。角膜俗称眼白，它是眼球表面的一层薄膜，光从角膜经折射进入眼球而成像。

（2）虹膜。虹膜又称彩帘，虹膜在角膜之后，形状为圆盘状膜，中央有一孔为瞳孔。在瞳孔周围的虹膜有许多环状肌，能调节瞳孔的大小，控制进入眼球的光量。例如当光线强时，经虹膜调节瞳孔变小，阻止更多的光进入眼球；而当光线弱时，虹膜肌肉放松，瞳孔变大以便进入更多的光。

（3）晶状体。晶状体在人眼前部呈凸透镜形状，位于瞳孔和虹膜后部。晶状体的作用相当于透镜，可以起调节焦距的作用。光通过晶状体的折射，传给视网膜。近视眼、老花眼、远视眼，以及各种色彩与形态的错觉等，大都是由于晶状体的伸缩作用引起的。晶状体内含黄色素，黄色素的含量随年龄的增加而增加，并影响着人对于色彩的判断。

（4）玻璃体。玻璃体为透明的胶状物，其主体成分为水，充满在晶状体和视网膜的空隙中，起到支撑和媒介作用。玻璃体为眼内成像提供了一个透明的空间，光通过玻璃体才能到达视网膜。玻璃体带有色素，这种色素随着年龄和环境的不同而变化，例如儿童的眼睛总是清澈明亮，而老人的眼睛大多较为浑浊。

（5）视网膜与中心凹。视网膜为眼球内侧的一层薄膜。它是视觉的接受器，是感受物体形与色的主要部分。这里是一个复杂的神经中心，物体在视网膜上形成倒立的影像。中央凹位于视网膜的上方，是看到物体最清晰的位置。物体影像离中央凹越远，越显得模糊。

（6）黄斑区与盲点。黄斑区与盲点是视网膜中感觉最特殊的部分，稍呈黄色。黄斑位于瞳孔视轴所指之处，为一椭圆形凹陷，直径约为 1~3mm。黄斑区很薄，是视锥细胞和视杆细胞最集中的地方，也是视觉最敏感的位置。

黄斑区下方是视神经，这是物体在视网膜上刺激信息传入大脑视觉中枢的通道。其入口处为乳头状，因缺少视觉细胞而没有视觉能力，故称为盲点。

2. 视觉过程

视觉过程是人眼各部分共同协调的结果。外界光首先进入角膜，经过虹膜，虹膜的功能类似于照相机的光圈，通过肌肉调节控制摄入的光线量并随着光线强度变化而变化。而后光线通过晶状体和玻璃体，晶状体相当于透镜，具有凹凸的功能，经睫状肌调节以适应远近物体，投射到达视网膜，并形成清晰倒立的像，这一系列反应被称为视觉过程。

人眼好比照相机，是凸透镜成像，物距与眼内像距成反比。看远时物距大，人眼光线是平行光，通过眼球的屈光系统后不用调节恰好成像于正常眼球的视网膜上。看近时物距变小，人眼光线是发散的，使眼内像距增大，视网膜的像就不清楚，引起反射性的睫状肌收缩，使晶状体曲率增大、折光力增强，同时两眼视轴汇聚，瞳孔收缩，这一系列的连动，生理学上称同步性近反射调节。视觉功能病态者，聚焦不能自动落在视觉细胞上，而是落在较前或较后的位置上。如果落在视网膜前面者称近视眼，而落在视网膜后面者则称远视眼。随着年龄的增长，眼球中晶状体的弹性逐步减弱，调节能力也降低，因此老年人容易产生远视眼的视觉生理现象。

人对世界的认识，首先是从色彩开始的，而不是从形状开始的。婴儿有了视觉能力后，首先看到的是颜色，而后才有形状的感觉，这也是在美术教育中对儿童教学以色彩为开端的原因。婴儿的色觉一般发生在出生后1个月左右，在1年左右就能完全具有色彩视觉能力，4～6岁已经基本能分辨红、黄、蓝、绿等纯色，因此童装的色彩设计中主要以鲜艳亮丽的高饱和色为主。到12岁左右，儿童对色彩的认识逐步完善，能准确分辨纯色和复色等色彩，对造型的理解也随之上升。成年后至30岁视觉能力开始逐渐衰退，对色彩的敏感度远不如以前，到50岁后这种趋势更加明显。

二、视域与色域

正常的人眼能看到的范围是有限的，因此在一定条件下人眼能看到的广域有一定范围，被称为视域。视域是一种与主体有关的能力，相当于视野、视角。视域内的物体投射在视觉器官的中央凹时，物像最清晰，视域外的物体则呈模糊不清状态。

人眼对色彩的敏感区域，称之为色域。由于视网膜中的视觉细胞分布情况不同，而形成一定的感色区域。中央凹是视锥体细胞集中区，因此是色彩感应最敏捷的区域。由中央凹向外扩散，感红能力首先消失，最后是感蓝能力消失。光源条件的不同和色彩三要素的变化，会使视域和色域产生相应的变化。同时，由于光源条件的不同，以及明度、纯度、色相的变化，使色彩产生了无穷无尽的变化。科学家得出结论，色彩的数目是无法确切表达的。一般来说，人眼可以区别1nm差的波长的色相，从380～780nm波长之间，人眼可以区别400个色相。如果明度有150级、纯度有100级，即可数色数约为600万个色彩，这是理论上的数字。在纺织品设计中，由于各类织物组织及材料的不同，产生许多光影的变化，使视觉对色彩的可辨数相应减少，但可以辨别到1万个色数。其中，在色立体上可选择作为常用的设计色彩大约有6000个。

三色学说的代表人物赫尔曼·赫姆霍尔兹（H. Helmholtz）认为在人的视网膜上存在三类基本的感色细胞，分别为感红细胞、感绿细胞、感蓝细胞，三类感色细胞对应三种神经，分别为感红神经、感绿神经、感蓝神经。它们在光照下产生兴奋，并分别将这种兴奋值转换成各自视神经所固有的特殊能量传送到大脑（图2-2）。感红神经纤维对可见光中的红光波段敏感，感绿神经纤维对可见光中的绿光波段敏感，感蓝神经纤维对可见光中的蓝光波段敏感。这三种感色神经纤维的感受作用是相互作用的，这些神经纤维除了有各自的主感色光外，也能对其他不同波长的色光有一定的感受兴奋水平。如看到黄色，是"红"和"绿"神经纤维兴奋的结果；看到品红色，是"红"和"蓝"神经兴奋

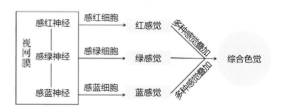

图2-2 赫姆霍尔兹平行构造色觉三色模型

的结果；看到橙色，则是三种感色神经都在作用的结果。而当白光作用于人眼时，三种神经纤维的兴奋程度一样，则产生白色的感觉。

三、视知觉现象

色彩的三要素，即色相、明度、纯度，在不同光源下产生复杂的变化，在视觉生理上产生的反应也是错综复杂的。例如，有视觉的明暗现象、同化现象、错视现象，以及其他各种视觉反应等。因此，了解色彩的视觉生理现象，对研究服饰色彩具有重要意义。

1. 明暗视觉

人的明暗视觉，是由光源强弱导致不同的视觉细胞进行工作的明暗现象。人的视网膜上有两类视觉细胞，分别为视锥体细胞和视杆体细胞。视锥体细胞指形状呈圆锥形的视觉细胞，视杆体细胞是指形状呈圆柱体的视觉细胞。视锥体细胞密集分布在视网膜的中心部位，数量大约为700万个，与视神经一对一连接，在光线明亮的条件下能够精微地分辨物体的细节与颜色，且视锥体细胞只有当明亮度达到一定水平时方能被激发起来，故称视锥体细胞的这种视觉状态为明视觉。视杆体细胞主要分布在视网膜的边缘处，视杆体细胞具有极高的感光灵敏度，能够分辨微光下的物体，但在稍亮的光线下即达到饱和状态，这种在光线较暗的情况下单纯依赖视杆体细胞的视觉状态叫做暗视觉。由于视杆体细胞不能对光的波长作分类，因此暗视觉无法辨别物体的颜色，同时由于视网膜中心没有视杆体细胞的分布，所以只能分辨物体的轮廓和物体的运动状态，却不能分辨物体的细节。

在明暗光线的变化下，人眼中的视觉细胞需要进行切换，从而产生了一个适应的时间段，这种现象称为明适应与暗适应。当我们从昏暗的室内走到日光下，会觉得眼前一片眩目，但很快能清晰地看清事物，这一过程即明适应。相反，我们从日光下进入一个黑暗的环境中，会进入伸手不见五指的状态，随着时间的推移，慢慢地才能分辨黑暗中的物体，这种过程称为暗适应。暗适应的过程一般比明适应的时间要长。

2. 色彩的同化

人们在从事色彩活动时，对具体某一颜色的感受往往会受到相邻其他色彩的影响，使得被观察的色彩偏离了该色彩应有的色值。当视觉的这种偏离使色彩感觉差距拉大时，则形成色彩的对比；相反，如果偏离表现为色彩之间感觉接近，则把这种现象称作色彩的同化。色彩的差异必须达到一定的值才能被眼睛分辨，这样一个定量的值叫做阈值。色彩的差别未达到阈值则表现为色彩的同化倾向，超过阈值则产生对比。影响色彩感知阈值的因素包括明度差、色差、纯度差、色彩面积的大小、观者距离的远近等。

当我们在红色背景上看黄色或白色的字时，会觉得色彩差距很明显，字体很容易看清，但当我们在绿色的底色上看蓝色的字时就很吃力，甚至很多人对湖蓝和丹青两个色混淆不清（图2-3）。我们把色彩组合中出现色与色差异不大，其中一色受到相邻其他色的影响，使其原本的色彩偏离了应有的色值的这种现象称为色彩的同化。如我们绘画时为了突出画面主题，使画面产生空间感，会把远处物体的色彩减弱、变灰，融于画面的大背景中；或者在绘画静物时，相邻的两物体会带有对方的环境色。唐诗中的"人面桃花相应红"，以及服装色彩衬托人脸气色的现象等，都是利用色彩的同化。

图2-3　色彩的同化现象

3. 色彩的错视

在色彩的观察活动中，由于不同的环境、光线或位置以及自身的生理、心理因素干扰，会出现非客观的视觉判断，这种现象称为错视。这种现象出现在色彩的对比活动中，没有色彩对比就没有色彩错视。色彩的错视是人眼各种错视感觉之一。色彩不是单独存在的，是由物体的形来体现的。任何形体都有其空间、位置、大小、形态等。这些因素的不同，产生了物体色彩的色相、明度、纯度的变化，这些变化常给人造成色彩的错觉效果。在艺术流派欧普艺术中，视觉错觉被认可为一种艺术形式。不同几何形体之间的排列与变化，不同色彩之间的穿插与渲染，会形成一种会动的视觉欺骗（图2-4）。在这些欺骗眼睛的诡计中，静止的图案让观看者在主观上产生了强烈的错觉，误认为它们是在动的。因此，欧普艺术又被称为光效应艺术和视幻艺术。

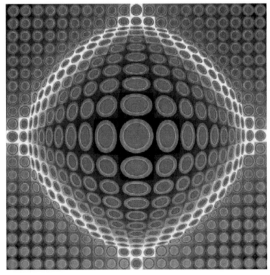

图2-4　色彩的错视现象

　　服装设计师也会经常利用色彩的错视原理来实现服饰艺术效果。例如在三宅一生2016年秋冬系列中，将错视图案与立体褶皱融合在一起，给人一种流动的错视效果（图2-5）。通常在服饰设计中还利用竖条纹、小花型等图案来达到修饰体形的视觉效果，或是在腰部、腿部等位置采用深色拼接，使其在视觉上产生后退的错觉，从而弥补体形的不足。

图 2-5　错视图案在服饰上的应用（三宅一生 2016 秋冬系列）

　　色彩的错视还常反映在人们的视觉生理平衡与心理平衡上。人眼在长时间感觉一种色彩后，总是需要这种色彩的补色来恢复自己的平衡，这就形成了色彩的错觉现象，也被称为视觉的负后像。由于人眼对色彩的错觉，任何色彩与中性灰色并置时，会将灰色从中性的、无彩色的状态改变为一种与该色相适应的补色。但这并不是色彩本身的客观因素，而是一种错觉生理现象，是色彩活动中不可忽视的特征，也是色彩创作和设计中必须考虑的因素。

4. 色彩的对比现象

　　色彩对比现象指色彩之间相互比较的视觉现象，色彩的对比可分为同时对比和连续对比两大类。

（1）同时对比。指人眼同时受到不同色彩刺激时，色彩感觉发生互相排斥的现象。同时对比可细分为明度对比、纯度对比、色相对比。在明度对比中，利用色彩的深浅变化突出对比，例如，同一灰色在黑底上发亮，在白底上则变暗。在纯度对比中，同一纯度的绿色在低纯度衬托下显得鲜艳；同一色彩在补色和对比色中显得纯度更高。例如，红绿色同时对比，红色愈红，绿色愈绿。在色相对比中，同一色彩在红、橙、黄、绿、青、紫的对比中都会有补色倾向，即红与紫同时对比，红倾向于橙，紫倾向于青，或红与绿同时对比，红色更红，绿色更绿。

（2）连续对比。这是指观察一种色彩后，接着又看另一种色彩，第二种色彩就会发生视觉效果的改变。连续对比与同时对比的不同之处在于，同时对比是观察者只对第二个色彩发生单方面的视觉变化，而连续对比现象则是眼睛连续产生视觉后形成的，是视觉的后像。

5. 色彩的易见度

色彩的易见度是指各种色相在黑色和白色背景上的易见程度，例如黄色的文字和图形在黑色背景上会显得非常突出，而在白色背景上则不容易辨别。在光源不变的情况下，色彩的易见度受到色彩的面积、纯度、明度、色相等对比因素影响，其他因素不变时，明度是决定视知觉最主要的因素。在艺术创作中，色彩的易见度常用来处理视觉上的主次关系和层次感。我们以固定的背景为例，对不同色彩的易见度进行对比。以下的色彩易见次序是在无色偏光线下比较的结果。当光源的色彩发生变化时，色彩的易见次序也会有所改变，不同的光源会产生不同的色彩。

红色背景上图形的色彩易见次序为：白—黄—蓝—蓝绿—黄绿—黑—紫；

黄色背景上图形的色彩易见次序为：黑—红—蓝—蓝紫—黄绿—绿—白；

蓝色背景上图形的色彩易见次序为：白—黄—黄橙—橙—红—黑—绿；

绿色背景上图形的色彩易见次序为：白—黄—红—黑—黄橙—蓝—紫；

紫色背景上图形的色彩易见次序为：白—黄—黄橙—橙—绿—蓝—黑—红；

黑色背景上图形的色彩易见次序为：白—黄—黄橙—黄绿—橙—红—绿—蓝—紫；

白色背景上图形的色彩易见次序为：黑—红—紫—蓝—绿—黄；

灰色背景上图形的色彩易见次序为：黄—黄绿—橙—紫—蓝—黑。

在商业领域，色彩的辨识度也作为其品牌的象征之一。例如箱包品牌爱马仕的橙色、珠宝品牌蒂芙尼的蓝色，这些都是商业活动中塑造的品牌色彩形象（图2-6）。如今越来越多的品牌也更加注重自身的品牌代表色，并通过宣传品牌的主题色彩来塑造企业的品牌形象。色彩设计作为视觉标识的一种，在服饰设计中也经常利用色彩易见度来增强服饰的视觉效果。例如，宴会礼服通常用整体性的颜色来增加量感，采用反光材质等面料来达到"吸睛"的效果；再如，环卫

图 2-6　爱马仕橙与蒂芙尼蓝

工人的橙红色背心，警察的深蓝色制服等，都是使着装者区别于环境，以达到醒目、易见的视觉效果。

此外，服饰色彩的易见度还体现在个人性格以及对色彩的喜好上，如活泼外向的人更喜欢选择色彩鲜艳、饱和度高的服装，性格内敛文雅的人更偏向于选择色彩淡雅的素色。当然这也只是普遍现象，场合和年龄也影响着人们对服装色彩的选择。由于人眼对色彩的视域和易见度是有一定范围的，因此在服饰设计中选用的色彩应该考虑大众对该色彩的接受程度，使每种色彩一般都能被人的视觉接受，才能取得满意的设计效果。

第二节　服饰色彩的视觉心理属性

人类对于色彩是一种直观反应，并且不自觉地受其影响。色彩会唤起人体内的生理化学反应，从而影响着人的身体、情绪、心理和精神状态。服饰的色彩对人类大脑所引起的反应等同于服饰色彩的视觉心理。从这种意义上说，服饰色彩心理亦属心理学范围。

一、情感属性

色彩本无特定的感情内容，它是通过人的感官在头脑中引起思想活动。人们的联想、习惯、审美意识等诸多因素使色彩充满了情感的魅力。色彩的情感属性表现为色彩的固有情感，即被大多数人共同感受到的色觉心理反应，也称为人的视觉功能感受。这种感觉实际上是通过人的视觉器官感知到色彩，将信息传达给大脑，产生的某种直接的心理体验，或是更复杂的心理感受。这种反应和人的生活阅历及知识的积累有很大关系，是人类共性的表现。如在橙色的房间中人们会感到温暖，而在蓝色的房间中则感到凉爽。色彩的固有情感主要表现为以下几方面。

◁1. 色彩的冷暖感

色彩的冷暖感与光波的物理性质有关。红、橙、黄等暖色光的波长比较长，具有导热性，因而给人以温暖感；蓝、紫等冷色光波长短，给人以清凉的感觉。色彩的冷暖感与人的生理感觉和心理联想有关。我们看到红色、橙色、橙黄色等暖色调的颜色会联想到太阳、火焰等，给人带来热量、温暖的感觉，所以称之为暖色；我们看到蓝色、蓝绿、蓝紫会联想到海洋、冰川、树荫等，给人清爽、冰冷、沉静的感受，因此称之为冷色（图2-7）。

图 2-7　服饰色彩的冷暖感
（左图设计师：杨晓月，右图设计师：蔡亦帅）

　　从色彩的心理学方面考虑，红橙色被定为最暖色，蓝绿色被定为最冷色。它们在色立体的位置上分别被称为暖极、冷极，离暖极近的被称为暖色，离冷极近的被称为冷色。其中绿和紫被定义为冷暖的中性色。色彩的冷暖感是人的生理直觉对外界温度条件的经验反应。实验表明，红色波长可以刺激心脏、循环系统和肾上腺的活动，提升力量和耐力。红色环境中人的脉搏、血压、血液循环速度有增高、加快的倾向，感觉温度也偏高些；蓝色环境中则表现相反。橙色有刺激腹腔神经丛、肺部、胰腺和免疫系统活动的作用，同时能够增强消化系统的功能，因此很多美食的广告都会用暖橙色光或暖橙色来布景。而蓝色对咽部、甲状腺起作用，给人以平静和安慰的感觉，能够起到降血压的效果，其中深蓝色能够缓解疼痛，蓝绿色光波能够抚慰神经、降低感染率、维护免疫系统。紫罗兰色的光波能够影响大脑，有净化、杀菌、镇静作用，还能抑制饥饿感。

　　色彩的冷暖感是具有相对性的。例如绿色调中，中绿色相对于翠绿色而言，呈暖色感；相对于黄绿色而言，呈冷色感。同为红色调的玫瑰红的冷感比大红色更强，大红色的冷感却比朱砂红更强。色相是色彩冷暖感的主导因素，纯度、明度能起到调节冷暖感强弱的作用，其中纯度作用较大，明度的作用较小。色彩的肌理也有冷暖感，光滑的皮质材料或较强反射率的材质偏冷感，针织、毛绒等表面粗糙、反射率较低的材质相对温暖（图2-8）。

图2-8　不同肌理色彩的冷暖感

2. 色彩的空间感

色彩的空间感表现为色彩的前进和后退，前进或后退的效果主要由色彩的冷暖、纯度和明暗所产生的视觉距离效果决定。一般情况下，从冷暖上看，暖色系有前进感，冷色系有后退感；从纯度上看，在同等明度条件下，色彩纯度越高，视觉的前进感越强，纯度越低，视觉的前进感越弱；从明度上看，亮色有前进感，暗色有后退感。但色彩的前进与后退感也具有一定的相对性，对比强的色彩向前推进，对比弱的色彩向后退。例如，若底色是浅色，与之对比强烈的黑色具有较强的前进感，而高明度的其他色由于对比弱，反而呈现后退感（图2-9）。

图 2-9　色彩前进与后退的空间感

对于图形、图案来说，整体的、单纯的形具有向前的视觉效果；分散的、复杂的形具有向后的视觉效果。图形的完整与分散导致的色彩的前进与后退感与观看者的距离有密切关系。在近距离内，分散的红棕色似乎更具有前进感，但当距离变远时，完整的红棕色就会呈现前进的感觉（图2-10）。

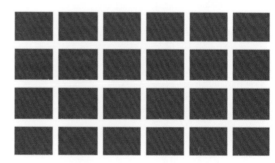

图 2-10　色彩完整与分散的空间感

服饰色彩的空间性体现在两方面：其一，服饰色彩处于一个三维成衣的状态；其二，在不同的环境和空间中穿在人身上的服饰会受到光线和着装者的运动而变化。在服饰色彩设计中，通过色彩明暗、冷暖的变化，营造出或前进或后退的视觉效果，也要考虑服饰色彩因空间的方向、位置不同而产生纯度和明度的变化，以达到服饰视觉效果上的层次感。

3. 色彩的软硬感

　　色彩的软硬感与色彩的明度、纯度有关：高明度、低纯度的色彩有柔和感；高纯度的暗色或是接近黑色的颜色则会显得有硬朗感。色彩中的软色是指加了白色的、明度整体偏高的一系列色彩，如粉红、粉蓝、粉绿、淡黄等，或高级灰系列，如近几年流行的莫兰迪色系正是软色中的代表。莫兰迪色系的配色整体都降低了色彩的饱和度，运用了大量粉灰、绿灰、蓝灰，使画面整体色调显得高级且有质感（图2-11）。硬色是指黑色、深红、暗绿、普蓝等一系列浓墨重彩的颜色。如野兽派画家马蒂斯的《红色的和谐》，画面中以大片饱满的红、绿、黑等硬色块来展现一个充满对比色彩和视觉撞击的世界（图2-12）。

图2-11　色彩中的软色（莫兰迪色系静物）

图 2-12　色彩的硬色（马蒂斯画作《红色的和谐》）

4. 轻重感

　　色彩的轻重感主要与明度有关。明亮的色彩使人感觉到轻盈，厚重的色彩使人感觉到沉重。明度最高的色彩是白色，就像棉花一样给人以最轻的重量感；而明度最低的是黑色，就像铁一样给人以最重的重量感。美国某心理学家曾对色彩的轻重感做过色彩实验得出：相同质量的物体，黑色包装给人的感觉几乎是白色包装的两倍重。由此可以看出，明度高的色彩看起来轻，给人飘忽、朦胧的感觉，可以让人感觉到轻快的节奏；明度低的暗色系色彩看起来重，具有下坠感，给人冷静、沉稳的感觉。

　　在服饰设计中，通过对色彩明暗的把控，可以营造出轻盈、欢跳，或硬朗、厚重的感觉。除此之外，不同的材料肌理也会影响色彩的重量感：质地粗糙、色彩呈亚光色的材质给人感觉较轻；色彩表面有挺括的光泽感的材质给人感觉较重。在服饰设计中，要灵活运用色彩的轻重关系，充分考虑同种色彩不同面料、同种面料不同色彩的重量感觉。例如，同等厚度、材质的面料，马卡龙色的浅色面料给人轻盈的视觉感，而深灰色的面料给人挺括、稳重的视觉效果（图 2-13）。

图 2-13　服饰色彩的轻重感对比

5. 色彩的兴奋与沉静感

　　色彩的兴奋与沉静感主要取决于色相、明度、纯度的对比。对比度强、鲜艳度高的色彩呈现出活泼感和兴奋感；对比度弱、鲜艳度低的色彩呈现出沉静感和庄重感。

　　色彩的兴奋与沉静感在服饰设计、食品包装设计、日用品设计、化妆品设计上均得以充分的体现，如一些森系风格的产品用色较沉静，给人以亲近、舒服的感觉；美食类广告和运动产品等会用一些具有兴奋感的色彩，给人以视觉冲击，以达到吸引和警示的作用。通过对色彩的合理使用，使消费者在第一印象上就能对产品产生不同的心理情感，增强其购买欲望。在服饰设计中，通常明度较低、纯度不高的色彩给人以亲近、沉静、淑雅之感；纯度较高、对比强烈的色彩给人以强硬、动感、活泼之感（图 2-14）。

图 2-14 色彩的兴奋与沉静

6. 色彩的华丽与质朴感

色彩的华丽与质朴感与色彩的三要素都有关联，华丽感可以通过高纯度的色彩对比及明度、纯度的相应组合来获取。通常是纯度高的显得华丽，纯度低的显得质朴。就色相而言，红、橙、黄、金、银色等红橙色系更容易让人产生华丽的色彩感觉，深灰、灰蓝、灰绿等蓝绿色系及无彩色系显得更为朴素、沉着。就面料材质而言，不同质感和肌理的色彩面料给人不同的视觉心理：表面光滑、闪亮的色彩有华丽、高贵的视觉感染力；表面粗糙、对比弱的色彩则有质朴感。

对于服装设计师来说，色彩和面料是不可分开而论的，面料是色彩的载体，在区分色彩的华丽与质朴感时需要具体条件具体分析。例如，冷色系的蓝色以棉麻布为载体时，会显得简洁、朴实，而同样蓝色系的绸缎面料，配合礼服的款式造型和闪耀的配饰，则具有尊贵的华丽感（图 2-15）。服饰设计中对色彩的华丽与质朴感的运用尤为普遍，不同的场合、不同的目的对色彩搭配往往有着不同的要求，是否贴切、是否合适直接影响服饰自身的魅力。

图 2-15　色彩的华丽与质朴感

二、联想属性

　　色彩的联想属性指人们看到某种色彩时，会把色彩与生活中具体的景物联系起来进行想象，或是把色彩与知识中抽象的概念联系起来进行想象，前者属于具体联想，后者属于抽象联想。人对色彩的感受、记忆、理解往往与人所处的社会环境、生活经历、文化背景、个人喜好有着密切的联系。例如，看到红色有人会想到鲜血，有人会想到喜庆和节日，有人会想到红旗，有人会想到热情、革命等。每个人带着自己的理解感受色彩，因此人可以赋予色彩许多意义和功能。在服饰系列设计中，色彩通常作为一种基调与主题相互呼应，作为要素之一来塑造系列的主题。色彩的联想分为具象联想、抽象联想和共感联想三大类。

1. 具象联想

表 2-1 是色彩的具象联想。

表 2-1　色彩的具象联想

色彩	小学生（男）	小学生（女）	青年（男）	青年（女）
红	太阳、红领巾	太阳、红领巾	红旗、鲜血、红灯笼	口红、鲜血、玫瑰
橙	橘子、乒乓球	水果、灯笼	橘子、记号	橘子、砖头
黄	香蕉、电视画面	油菜花、向日葵	皇帝装、家具	柠檬、灯光
黄绿	野草、竹子	野草、树叶	嫩草、秋天的树叶	秋天的树叶、野草
青	青苹果、小草	青苹果、草丛	矿石、草丛	麦苗、丹青
蓝	大海、天空	大海、天空、水	大海、天空	大海、天空
紫	葡萄、紫罗兰	葡萄、喇叭花	花卉、葡萄	茄子、紫藤
褐	土、树干	土、巧克力	树干、土	靴子、咖啡
黑	黑烟、夜晚	头发、夜晚	夜晚、墨水、煤炭	夜晚、墨水
白	白雪、白纸	白雪、小白兔	白雪、白云	白雪、婚纱
灰	老鼠、计算机	老鼠、阴天	老鼠、混凝土	阴天、冬天

2. 抽象联想

表 2-2 是色彩的抽象联想。

表 2-2　色彩的抽象联想

色彩	青年（男）	青年（女）	老年（男）	老年（女）
红	热情、革命热烈	热情、生命、危险	热烈、喜庆	热烈、愉悦
橙	焦躁、可怜	卑俗、温情	明朗、热闹	欢庆、华美
黄	明快、泼辣	明快、希望	光明、明快	光明、明快
黄绿	青春、和平	青春、新鲜	新鲜、动感	新鲜、希望

续表

色彩	青年（男）	青年（女）	老年（男）	老年（女）
绿	永恒、新鲜、活力	和平、永恒、理想	深远、和平、生命	希望、健康、可爱
蓝	无限、理想、空间	永恒、理智、空间	冷淡、薄情	平静、悠远
紫	高尚、神秘	优雅、高贵	古朴、优美、成熟	高贵、消极
褐	雅致、古朴	雅致、沉静	雅致、坚实	古朴、素雅
黑	刚健、神秘	神秘、直接	严肃、生命	忧郁、冷淡、僵化
白	清洁、神圣	纯洁、干净、卫生	洁白、青春、纯真	纯白、青春
灰	忧郁、绝望	忧郁、苦闷	荒废、平凡	沉静、失望

3.共感联想

在用视觉感受色彩的同时，还会引发出其他感觉，如听觉、味觉、触觉等相关知觉系统的感觉，即一种感觉的刺激作用会触发另一种感觉的心理现象。色彩的知觉过程在某种条件下是视觉、听觉、嗅觉、味觉、触觉相互作用、相互转换的结果。

味觉感受来自视觉方面的心理联想，比如我们看到炸鸡广告宣传页，仿佛闻到了诱人的香味，听到酥脆表皮的咔嚓声，从而产生饥饿感。当看到摊贩卖的青色梅子、青苹果、青葡萄、青芒果等，甚至是听到这一类词语，如酸梅子、青苹果等都会产生酸的味觉感受。听觉感受是指给人某种声音刺激后，和听觉一起产生相对应的颜色感觉。曾有人做过一个实验：让来自不同领域的十个人听十种不同的声音，然后让他们选择和声音相对应的色彩，结果大多数人在低音时选择红色，中音时选择橙色，高音时选择黄色或橙色。

嗅觉感受是指不同的色彩所诱发的嗅觉感受各不相同，粉红色、鹅黄色、奶绿色等具有清香感，大红、橙红、橙黄等一系列暖色有花香感，黑色、暗色等具有苦感，浊色系则具有污、臭、腐败的嗅觉感受。在触觉感受中以色彩的冷暖感为例，红色呈暖感，蓝色呈冷感。被实验者把手分别放入同样温度的红、蓝色液体，似乎总觉得红色水温比蓝色高些。由此可以看出，色彩的冷暖变化能引起皮肤温度触觉的共同感觉。

三、象征属性

服饰色彩的象征属性是指色彩以其表面特征成为某种概念、思想和感情的代言物，是着装者意愿的外化。随着人类物质生活的发展，服饰演变为社会地位的象征符号。其中，服饰色彩在冠服制度中发挥着至关重要的作用。色彩本身并没有什么象征意义，其意义来自人对色彩的感受与联想，任何色彩都可以成为有象征意义的颜色。

（1）红色。红色常常被认为是斗争、光明、力量的象征，也有危险、流血之意。中国从周代起已奠定了崇尚红色的基础，形成偏爱红色的习俗。红色一向被认为是象征高贵、喜庆吉利的色彩，逢年过节、状元及第、婚嫁、生子、开张等大喜之日，它就成为必不可少的装饰色彩。在原始宗教活动中，红色被赋予驱邪除恶、逢凶化吉的意义，至今中国人还有在本命年戴红绳的习俗。由于红色格外艳丽，中国自古以来就以红色象征女性，如在描述女性容貌、服饰、居处时，会用"红妆""红颜""红袖"等词。

（2）黄色。黄色轻快、明亮、富丽、活泼，是一种温和的暖色，也是中国古代帝王的专用色。此外，佛教的建筑、服装也把黄色当作神圣、信仰的象征。黄色是光的象征，因而被作为快活的色彩。它给人的感觉是干净、明亮而且富丽。黄色与红色相比就算是一种比较温和的颜色了。纯粹的黄色，由于明度较高，比较难与其他颜色相配。用色度稍微浅一些的嫩黄或柠檬黄设计学龄前儿童的服装比较适宜，显得纯粹干净、活泼可爱；青年女子体形优美，皮肤较白皙，用较浅的黄色面料设计服装显得文雅、端庄、有涵养；如果皮肤较黑，穿色感较沉着的土黄或含有灰调的黄色比较合适。黄色色系是服饰配色中最常用的色系之一，它与淡褐色、赭石色、淡蓝色、白色等相搭配，能取得较好的视觉效果。

（3）橙色。橙色色感鲜明夺目，有刺激、兴奋、欢喜和活力感。橙色比红色明度高，是一种比红色更为活跃的服装色彩。橙色不宜单独用在服装上，如果通身上下都穿上橙色的服装，则会引起单调感和厌倦感。一般地，橙色宜与黑白等无彩色相配，这样往往能出现良好的视觉效果。

（4）绿色。绿色色感温和、新鲜，有很强的活力、青春感。绿色常使人联想到绿草、丛林、大草原等，一般给人一种凉爽的大自然的感觉，特别是近几年来绿色概念深入人心，更使人们感到绿色的自然与环保等。绿色是儿童和青年人常用的服装色调，绿色配色比较容易，特别是花色图案中的绿色更适合与多种色彩的面料相搭配。在搭配绿色的服装时要特别注意利用绿色的系列色，如墨绿、深绿、翠绿、橄榄绿、草绿、中绿等进行呼应搭配，尽量避免大面积地使用纯正的中绿，否则会出现视觉单调的效果。

（5）白色。白色象征着洁白、纯真、高洁、幼嫩，它给人的感觉是干净、素雅、明亮、卫生的。白色能反射明亮的太阳光，而吸收的热量较少，是夏天比较理想的服装色彩。白色是明度最高的色系，它有膨胀的感觉，特别是和明度低的色彩搭配时更有其效，所以设计服装时要从专业上认识白色的特性，较肥胖的人尽量减少穿着白色的服装，相反体形较瘦小的人适合穿着白色的服装。白色的衬衣配上浅蓝或浅绿的裤裙，能给人以整洁、雅致的感觉。白色服装的纯洁感，在人们的日常生活中起着重要的作用，如医院的工作人员、实验室的工作人员和饮食行业的工作人员所穿用的工作服，都是以白色较为合适。

（6）黑色。黑色是一种明度最低的色调，是严肃、稳重和神秘的色彩。黑色给人以后退、收缩的感觉，在某些场合还可以引起悲哀、险恶之感。黑色比较适合体形较肥胖者，它能使人在视觉上产生一种消瘦的视错感，但是体形瘦小的人不适合大面积地使用黑色，而应该使用明度较高的颜色来设计服装。夏季室外不宜穿着纯黑色的服装，这是因为黑色吸收太阳光热能的能力较强，会增加着装者的闷热感。黑色是东方人的流行色，它与东方人的头发、眼睛属于同类色，所以黑色在中国一直比较流行，在我们的生活中较为普遍。我们可以看到黑色的鞋子、黑色的裤子、黑色的腰带、黑色的手包等，这也正是设计服装时需要考虑的色彩呼应关系。但要特别提示的是使用黑色服装时一定要注意小的装饰设计和服饰配件的整体效果，否则就会产生一种呆滞或惊恐的感觉。黑色毛呢料在国际生活服装中，被认为是代表男性的颜色，可以在男式礼服中设计使用。

四、环境属性

色彩的心理反应与环境因素非常密切。天气、环境、场合以及宗教都会影响人们对于色彩的选择。一个民族所处环境的气候条件、光照条件、历史事件、民族性格以及身体特点等，都会对民族服饰的色彩搭配产生决定性作用。

1. 天气、季节对于色彩心理因素的影响

服饰具有季节性，一年四季，冬暖夏凉，除了款式和面料薄厚的变化，服饰色彩也会随着天气、季节而变化。天气、季节与人们的心理因素密切相关，阴沉的下雨天，人们总喜欢把自己打扮得更加低沉，更偏向于穿灰色系低饱和度的色彩，而在天气晴朗的海边，则更喜欢高饱和度、炫目张扬的色彩。炎热的夏季，是狂欢的代名词，人们心气躁动，更喜欢高明度、高纯度的鲜亮色彩。而在冬季，整个氛围呈现出一种"收"的状态，人们心情稳定，多喜爱穿一些纯度和明度较低的色彩，给人一种含蓄、收敛的感觉（图2-16、图2-17）。

图2-16　春夏的服色趋向

图2-17　秋冬的服色趋向

当然这只是人们的一些共性特征，不同的生活阅历、知识积累乃至脾气性格都会引起很大的个性差异。在服装设计行业里也通常会反其道而行，如将高明度、高饱和度的色彩用于冬季，而把沉闷的灰黑色调用于夏季，这种设计抓住了消费者的普遍心理，用眼前一亮的视觉营销博取消费者的眼球。

2. 地理环境对于色彩心理因素的影响

地区的地理条件影响该区域人们对色彩的总趋向。不同的国家和地区对于同一色彩都有不同的理解，其背后是不同的地理环境和文化因素对群体心理的影响。

通常亚热带区域的少数民族多喜爱高饱和度的色彩，这类色彩鲜艳夺目，与人们热情奔放的性格和自然环境有着密不可分的关系（图2-18）。如阿拉伯民族崇尚白色，因其所处环境炎热干燥，且有风沙，白色对强烈的阳光有反射作用，吸热较少，而长袍的形制又可以阻挡沙漠里的风沙（图2-19）。中国宋朝民间服饰多使用饱和度较低的淡雅之色，用棉麻面料体现其质朴本真的原貌，这其中也蕴含着中国传统文化温润含蓄的思想。

图2-18　地理环境影响下的服色趋向1

图2-19　地理环境影响下的服色趋向2

区域环境的不同也决定了不同的色彩象征。例如红色在北美地区象征着爱情，在中国寓意着善良和节庆，而在俄罗斯就意味着侵略和冲突，在印度代表着生命；紫色在印度意味着慰藉安抚，在巴西代表着忧愁悲伤，而在俄罗斯象征着神秘的魔法；黄色在北美地区寓意着繁荣昌盛，在俄罗斯象征着分手离别，在叙利亚代表着死亡，在印度会让人联想到华丽，在巴西则意味着绝望。

3. 场合对于色彩心理因素的影响

由于人们工作、生活、娱乐、休闲的需要，要在不同的场合里切换身份，而这些场合由于功能、环境、气氛、出席对象的不同，需要出席者在服装风格、款式和色彩上予以配合协调，来塑造着装者的视觉印象以及提升美感品质。色彩的语言能够在任何场合使用，但最重要的就是需仔细思考不同的色彩传递出什么样的信息，以及着装者准备传达什么样的信息。下面我们以生活中的几大场合进行分析举例。

（1）商务场合。在商务合作与谈判中，想要显示出着装者的职业水平、严谨的态度和精明强干的特点，可以选择较为深沉厚重的深色调的服饰，例如深蓝色、暗红色、深灰色和黑色等。对于正常普通的职业装，用色上则相对宽松许多，通常是小面积的色彩辅以黑白灰进行调和，色彩搭配上应该有节制地使用色彩（图2-20）。

图2-20　商务场合着装

（2）宴会场合。宴会、派对等重要场合的穿着要求，在设计方面突出华丽二字，在面料上表现为质感的高级、款型的大气以及整体的分量感，服装上有一定的装饰和点缀成分，但应有取舍地设计，要将审美注意力回归到着装者本身，衣服不应该比着装者更加令人印象深刻，应当起到衬托的作用，而非喧宾夺主（图2-21）。

（3）休闲居家场合。这类场合没有特定的色彩约束，着装者可以随自己的喜好选择色彩，其实在日常生活中，我们对于色彩的选择和运用大部分时间都是无意识行为，色彩早已成为人类的第二本质（图2-22）。

图 2-21　宴会场合着装

图 2-22　休闲场合着装

第三章
服饰色彩设计的采集与重构

　　服饰色彩的采集与重构是服饰色彩灵感提取的重要方法，也是色彩再设计创作的过程。在色彩灵感提取的过程中，世间万物皆可作为灵感来源，并非局限于某一类事物。正如法国雕塑艺术家奥古斯特·罗丹曾说过的那样，"生活中要善于细心发现""这个世界不是缺少美，而是缺少发现美的眼睛"。色彩的采集与重构是一个再创造过程，当设计师对同一物象进行采集，因采集时对色彩的理解和认识不一样，就会出现不同的重构效果。尽管设计师采集服饰色彩灵感、重构色彩的方式各异，也都有各自提取灵感的经验，但因受到外部事物刺激而产生灵感的逻辑和规律却是一致的。因此，在服饰色彩的采集与重构中，获取外界色彩属性的过程是尤为重要的一环，同时也是值得学习并掌握的设计理念与方法。

第一节　服饰色彩的采集

　　服饰色彩采集的目的一方面是积累设计素材，另一方面是通过采集的过程，提高艺术修养和审美意识，为以后的设计奠定思考基础并激发出良好的灵感。色彩灵感的筛选与采集是丰富题材、激发创作欲望的阶段，可从自然界的色彩、不同民族的服饰风情、民间传统艺术、绘画艺术、建筑艺术中提取灵感和采集色彩。服饰色彩采集的过程基于设计师对自然色彩和人文社会色彩的观察与思考，并将其分解、组合、再创造，通过熟练运用色彩采集的方法，以此培养和提高对色彩艺术的鉴赏能力，以及服饰色彩设计的想象力和表现力。服饰色彩结合地域、文化、人文特征，并通过重构来体现不同文化的异域特性，为设计师的创作提供灵感，增强服饰的审美价值和精神内涵，这也正是服饰色彩采集的意义。

一、自然色彩的采集

　　自然色彩采集指从自然环境的色彩中采集色彩，如金色的太阳、湛蓝的海洋、白皑皑的雪山、青绿无垠的草原、四季色的植物、各种动物的色彩等。大自然的多样性造就了丰富独特的色彩，这既为我们展示了多姿多彩的世间万物，又构成了取用不竭的色彩灵感源泉。由于自然环境中包含丰富的色彩资源，我们可以直接从自然环境中采集色彩，无论是花草树木、禽兽鱼草、高山流水，还是岩石瓦砾和日月星辰等，它们都蕴含了绚丽丰富的色彩，构成了令人叹为观止的色彩世界。从国内外色彩权威机构发布的报告中可以发现，从自然环境中提取的色彩灵感总是作为流行主题色出现，如大地色系、海洋色系、森林色系、太空色系等，可见，自然界为服饰色彩的采集提供了无限的灵感。

1. 植物色彩

在人类的进化过程中，嗅觉减退，视觉增强，对形象、色彩、光线的感知更加敏锐，人类自古就开始使用花草装饰自己。色彩具有吸引、隐藏的功能，以达尔文进化论作为理论依据，生物的形态及其各异的色彩都是为了生存与繁衍，大多数生物的色彩也都是为了这一种特殊目的而存在的。四季色彩的变化一般来自生命的更替，植物色彩会随着季节的变化而不同，在色彩上表现为对比色、互补色、协调色的形式（图 3-1）。同时，由于植物的品种各异，其色彩也有所差异。植物色彩中以花、叶的颜色最为艳丽，色彩对比也最为强烈，对比色相配产生强烈醒目的艺

图 3-1　不同季节的植物色彩

术对比效果，给人以美感，而树木枝杈的色彩则是含蓄、低沉的，树皮色也多以褐色系的低明度或中偏低明度的色彩为主，给人以朴实、厚重的色彩感受。在图3-2、图3-3所示的服装设计中，提取竹子与园林花窗作为装饰元素，通过绿色、灰蓝和白色面料的叠加运用来增加服装与图案的层次，还原园林中竹子投影在白墙和花窗上的氛围感，结合宽松休闲的款式和苏绣、草木染等中国传统工艺，打造富有江南情怀和意蕴的新中式服装。

图3-2　竹影园游系列男装（设计师：张嘉慧）　　　图3-3　竹影园游系列女装（设计师：张嘉慧）

2. 动物色彩

在"优胜劣汰，适者生存"的自然规律中，动物为了躲避天敌、吸引异性会进化形成固定的体表色，有的物种甚至会进化出变色的功能，可以变化多种色彩，如变色龙可以随着环境的变化及避敌需要，迅速改变自己原来的体表色。这些千变万化的体表色彩成为动物的重要特征之一，并与它们的生存息息相关。在服饰色彩的采集与重构中，以动物体表色彩为灵感的设计方式总受到设计师的青睐（图3-4）。人类社会在原始社会时期，一些部落的首领或酋长就已用动物的毛皮作为装饰，以彰显自己的身份和地位。近现代工业社会时期，由动物皮毛制作而成的服装、箱包等也一度被认为是财富和身份的象征。然而，在环保主义者和动物保护主义者的抗议示威下，动物皮草的生产一度被削减甚至被迫停产，仿皮草成为新的时尚被应用于现代服装设计中。此外，动物的外形也常被当作图案纹样应用在服装设计中（图3-5）。

图 3-4　以动物体表色彩为灵感的系列服装

图 3-5　以飞鸟为灵感设计的系列针织服装（设计师：王胜伟、翟嘉艺）

◁3. 地貌环境色彩

我国幅员辽阔，地势西高东低，呈阶梯状分布，地形复杂多样，主要有平原、高原、山地、丘陵、盆地五种地形。自然地形的差异造就了层级错落、岩壁陡峭、气势磅礴的地形地貌，也形成了丰富奇妙的色彩。红、黄、橙、绿、黑、褐、青、灰各种颜色仿若是调色板的颜料交织组合在一起，各个色调犹如波浪顺着山势起伏，或犹如彩虹从山顶倾泻而下，张扬而奔放地宣泄着古老的激情，演绎着大自然的无限可能性（图3-6、图3-7）。在服饰色彩设计中以水乡地貌色彩为灵感的案例便提取出了江南水乡的蓝白色调，并结合水乡地势作为服装廓形进行设计（图3-8）。

图3-6　丹霞地貌（春夏）

图3-7　丹霞地貌（秋冬）

图3-8　以水乡地貌色彩为灵感的设计作品（设计师：杨妍、游璐）

二、民族服饰色彩的采集

我们伟大的祖国是由 56 个民族共同开创的，"多民族、多文化"是我国的民族特色和发展的重要动力。本部分以汉族传统服饰与少数民族服饰为例进行探讨。

民族服饰的形成源自民族生活环境和民族文化，带有强烈的地域性和文化性。少数民族大多处于较为偏僻的地区，人口数量少，其服饰工艺复杂，但装饰华丽，色彩绚丽，是服饰色彩采集的重要题材。不同地域的少数民族服饰具有不同的色彩倾向与特点。例如，西北地区的藏族生活在有"世界屋脊"之称的青藏高原，其服饰色彩多为与自然环境形成对比色且饱和度低的色彩（图 3-9）；南方亚热带地区冬温夏热，景色明媚，在此地区居住的少数民族偏爱对比强烈、艳丽丰富的色彩，妇女的裙子色彩艳丽，纹饰丰富（图 3-10）。我国 56 个民族的服饰绮丽多彩，其服饰用色特点可归纳为两大类型：一类以明度、纯度、对比度较高的颜色搭配为特点，色调层次明显，鲜艳明丽，服饰与配饰间的对比色差较大，具有十分强烈的视觉冲击力；另一类是以统一的纯色色调为主，多使用白色、黑色、深蓝色等作为主色调（图 3-11）。

图 3-9 藏族少女服饰（摄影师：潘宇峰）

图 3-10 苗族少女服饰（摄影师：潘宇峰）

图 3-11　彝族女子服饰（摄影师：潘宇峰）

　　中国的历史源远流长，在历史的长河中创造了灿烂的文明。无论王朝如何更迭，文化从未间断，历代王朝统治者都非常重视服饰礼仪的制定，历代舆服志也都对当朝衣冠礼仪进行了制定与总结。汉族传统服饰（以下简称"汉服"）是以华夏礼仪文化为根，以民族精神为魂，经过千年历史的演变而逐渐形成的服饰文化。汉服文化也是中国具有"衣冠王国""锦绣中华"美誉的外在表现之一，其中融合了汉族杰出的染织、刺绣技艺及其美学，传承了多项中国非物质文化遗产。近年来，随着国潮风的兴起，汉服成为时尚的"宠儿"。2020 年我国汉服爱好者达到516.3 万人，汉服市场规模达到 63.6 亿元，同比增速超过 40%。汉服配色一般分为暖色系、冷色系、无彩色系和灰色系。暖色系以红、橙、黄、粉红色等为主，红色给人热烈、端庄的感觉（图 3-12），橙色代表着活力，黄色是温暖的象征，使人显得活泼开朗（图 3-13），粉红色表现可爱年轻。冷色系以青、蓝、绿色等为主，青色淡雅，蓝色清新脱俗，绿色则给人以生机盎然的感受（图 3-14）。无彩色系指黑、白两色，黑色显得沉重，白色凸显飘逸脱俗（图 3-15）。灰色系指加入其他颜色混合后的低明度、低纯度的颜色，这类色彩整体偏灰，给人以沉稳的感觉（图3-16）。作为服装设计专业的学生、设计师，要具有贯通古今的设计思路，基于民族文化来思考民族服饰的色彩语言，用敏锐的观察力去洞悉汉服的色彩文化与特色，从先辈们的服饰艺术中提取精华，将他们的色彩观、工艺技术融入自己的创新设计中，将民族服饰色彩结合时代流行，重新进行加工、组合，以设计出具有新时代特征的服饰设计作品。

图 3-12　穿着红色汉服的少女（模特：叶青）

图 3-13　穿着黄色汉服的少女（模特：叶青）

图 3-14　穿着绿色汉服的少女（模特：叶青）

图 3-15　穿着白色汉服的少女
（模特：叶青）

图 3-16　灰色系色彩灵感版

三、民间传统艺术色彩的采集

民间传统艺术色彩，是指在世代相传的民间艺术作品中所提取出的色彩。民间传统艺术（以下简称"民间艺术"）是中华民族优秀文化的重要组成部分，运用人们喜闻乐见、贴近生活的艺术语言，体现了劳动者在生活中创造的审美情趣以及对美好生活的愿望。民间艺术植根于中国文化的沃土，彰显出中国文化的历史内蕴及厚度，也体现出中国人民的艺术天赋和对生活的热爱、思考，在体现中国文化精神的同时，也表达了人们祈福迎祥、求吉避凶的民俗心理。民间艺术作品的色彩鲜艳，具有强烈民俗性，也是体现民间风俗习惯和审美文化的最好例证，其中包含了绘画类、塑作类、剪刻类、编织类、印染类，这些艺术品的色彩都可被采集到服饰设计中进行设计再创造（图3-17）。

图3-17　以"门神"年画为灵感的服饰设计系列（设计师：杨晓月）

四、绘画艺术色彩的采集

绘画艺术中蕴涵丰富的色彩，可以为服饰色彩采集提供大量的灵感。绘画艺术的表现形式众多，以下分别从中、西方绘画入手探析不同地域、文化、类型的绘画艺术形式在用色方面的特征。

◁ 1. 中国传统绘画艺术色彩

中国传统绘画艺术形式又称为国画、中国画，指的是用毛笔蘸水、墨、彩作画于绢、宣纸、帛上，并加以装裱的画。中国画的色彩常与用墨关联，绘画题材有人物、山水、花鸟等，技法可分为具象和写意。王伯敏在《中国画在布局与用色上的特点》一文中谈到："中国画在色彩运用上随对象之'类'，结合形象以概括性的'赋彩'。"运用这样概括、抽象的赋彩，依照色彩构成中的一系列法则，揭示出客观对象的实质，将自然色彩进行归纳、条理化、减弱、夸张等处理，达到画面意境的最佳效果。"随类赋彩"是中国画用色的基本原则，总结了颜色运用的形式与准则，并据此根据不同的描绘对象选择不同的色彩填色。

色彩作为中国画的要素之一，讲究用色如用墨，枯润浓淡的变化。色彩作为构成中国画画面意境的重要元素，一切都是为了意境所需要的"色调"服务，其色墨运用规律是：用色时把色彩的彩度进行降低处理，使其与水墨更易于融合协调，用色较多的地方，在水墨勾勒的阶段将浓淡变化减少，甚至将过多的皴擦省略或留白。在中国古代的颜料制作中，矿物质颜料往往直接取自大自然，用得最多的是赭石、藤黄和花青，其色相在色谱中其实是属于复色，彩度要大大低于化学颜料中的红、黄、蓝，但在水墨勾勒框架中填充赋彩，却更容易协调。唐代画家张彦远认为"运墨而五色具"，即中国画中的山水五色，随着阴晴和季节的变化而有不同的呈现，如果用墨把变化的特征大体表现出来就会产生山青、草绿、花赤、雪白等效果，则不必使用颜料。在色彩处理上，中国画的表现方法不同于西方绘画：中国画不是利用明暗来表现立体感，而是用"笔锋巧变"的线条来进行形体的组织，并以此产生各种描法、皴法以及各种点法。从中国画处理各种色彩和技法关系上来看，一般皆把墨当黑看，把色当墨用，打破技法藩篱，色墨互补，而西方绘画的光色原理与光学探索发现的成果有关。图3-18、图3-19所示的服饰色彩设计中融入中国画的色彩元素与写

图3-18　以刺绣"仙鹤"为设计元素的服饰设计作品（设计师：岳满）

图3-19　以刺绣"仙鹤"为设计元素的服饰设计作品（设计师：陈丁丁）

意风格，以印染、刺绣、雕刻、剪切、针织等多元的形式表现，使服装设计融入"国潮"元素。

2. 西方绘画艺术色彩

中西方绘画体系在艺术观念、造型方法、色彩观念与用色方法上差异很大。西方绘画艺术以写实为主，色块之间有色相对比、彩度对比、明度对比，同种色之间又有明度的对比，对比的视觉效果又有强烈到微弱的渐变。绘画大师的色彩调配没有定式，而是根据整体关系的需要既可增强，也可减弱。西方绘画用色大胆，取用夸张明丽的色块，给人以丰盈而充实的视觉效果，且不同流派、风格具有不同的用色习惯与特色。例如，古典主义画派以意大利绘画为中心，追求均衡完整的绘画构图，提倡典雅崇高的绘画风格，以黑、褐、蓝、黄、白为主的用色庄重而单纯，画面整体色调统一和谐，风格含蓄内敛。浪漫主义画派的绘画色彩鲜明，常用强烈的对比色、富有动感的人物形象，表达画家个人强烈的主观情绪，风格奔放。印象主义画派绘画色彩鲜明，笔触未经修饰而显见，把"光"和"色彩"作为绘画表现的主要目的，尤其善于发现和表现户外自然光下的色彩，捕捉大自然的瞬间变化，并以平凡的人物、生活场景作为描绘对象，表达画家个人强烈的主观情绪。在构图上力求突出画面的偶然性，增加画面的生动和生活气氛，凸显对内心主观意象的表达。法国画家克劳德·莫奈是印象派代表人物和创始人之一，被誉为"印象派领导者"。他改变了阴影和轮廓线的画法，擅长运用光与影的表现技法对干草堆、教堂或者莲花池等光线短时间的变化进行观察记录与画面色彩的描绘。例如他的作品《睡莲》，对莲花与荷叶的造型关系描绘得简练概括，用色纯粹大胆、活泼跳跃，色调丰富炽烈，画作中没有非常明确的阴影，也看不到突显或平涂式的轮廓线（图3-20）。设计师在服饰设计中可借鉴西方绘画大师代

图 3-20 莫奈的油画《睡莲》

表作品中的色彩以及理念风格，将绘画中的色彩提取出来作为服饰设计灵感与色彩元素，使服饰设计具有近现代绘画的艺术特征，并影响着流行色。

五、色彩的提取方法与应用

色彩的采集是从现有、直观的物质上进行色彩的收集，当采集到丰富的色彩之后，需要对色彩进行提炼和整理，将从原色提取出的色彩作为独立、特色的服饰设计色彩。在色彩提取过程中要准确提取主要色彩，舍去无关紧要的杂色，减少色彩偏差。采集后的色彩根据设计师的经验、直觉，按照配色比例运用到服饰设计中。

色彩采集的提取方法分为人工识别与机器识别两类。人工识别主要依赖人眼的判断与个体经验，由人工采集色彩，通过采集标本、制作色卡、人眼对比进行色彩采集与提取。机器识别是通过科技手段进行色彩采集，如摄影、色彩识别设备和色彩提取软件。常用的颜色提取、查询软件有 Colors Lite 和 RGB 色彩在线取色器。Colors Lite 是一款屏幕颜色抓取工具软件，下载后可以提取各种颜色的数值，并支持多种不同的颜色模式（图 3-21）。RGB 色彩在线取色器是无需下载可以直接在网页抓取、识别色彩的工具（图 3-22）。

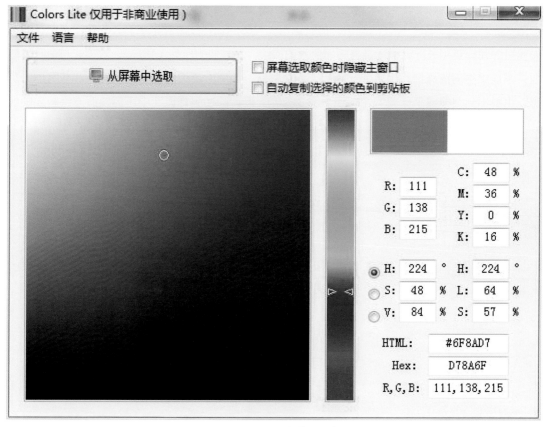

图 3-21　Colors Lite 颜色抓取软件页面

RGB网页颜色在线取色器

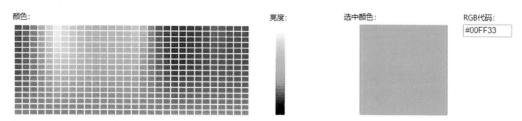

颜色： 亮度： 选中颜色： RGB代码：

#00FF33

(鼠标移动到颜色上，点击即可取色)

颜色代码大全 - RGB颜色查询对照表

ffff00	ffff33	ffff66	ffff99	ffffcc	ffffff
ffcc00	ffcc33	ffcc66	ffcc99	ffcccc	ffccff
ff9900	ff9933	ff9966	ff9999	ff99cc	ff99ff
ff6600	ff6633	ff6666	ff6699	ff66cc	ff66ff
ff3300	ff3333	ff3366	ff3399	ff33cc	ff33ff
ff0000	ff0033	ff0066	ff0099	ff00cc	ff00ff
ccff00	ccff33	ccff66	ccff99	ccffcc	ccffff
cccc00	cccc33	cccc66	cccc99	cccccc	ccccff
cc9900	cc9933	cc9966	cc9999	cc99cc	cc99ff
cc6600	cc6633	cc6666	cc6699	cc66cc	cc66ff
cc3300	cc3333	cc3366	cc3399	cc33cc	cc33ff
cc0000	cc0033	cc0066	cc0099	cc00cc	cc00ff
99ff00	99ff33	99ff66	99ff99	99ffcc	99ffff
99cc00	99cc33	99cc66	99cc99	99cccc	99ccff
999900	999933	999966	999999	9999cc	9999ff
996600	996633	996666	996699	9966cc	9966ff
993300	993333	993366	993399	9933cc	9933ff
990000	990033	990066	990099	9900cc	9900ff
66ff00	66ff33	66ff66	66ff99	66ffcc	66ffff
66cc00	66cc33	66cc66	66cc99	66cccc	66ccff
669900	669933	669966	669999	6699cc	6699ff
666600	666633	666666	666699	6666cc	6666ff
663300	663333	663366	663399	6633cc	6633ff
660000	660033	660066	660099	6600cc	6600ff
33ff00	33ff33	33ff66	33ff99	33ffcc	33ffff
33cc00	33cc33	33cc66	33cc99	33cccc	33ccff
339900	339933	339966	339999	3399cc	3399ff
336600	336633	336666	336699	3366cc	3366ff
333300	333333	333366	333399	3333cc	3333ff
330000	330033	330066	330099	3300cc	3300ff
00ff00	00ff33	00ff66	00ff99	00ffcc	00ffff
00cc00	00cc33	00cc66	00cc99	00cccc	00ccff
009900	009933	009966	009999	0099cc	0099ff
006600	006633	006666	006699	0066cc	0066ff
003300	003333	003366	003399	0033cc	0033ff
000000	000033	000066	000099	0000cc	0000ff

图 3-22　RGB 色彩在线取色器

色彩采集的提取方法与应用的步骤如下。

第一步：选择色彩灵感来源图片，通过人眼或设备软件对灵感图片进行色块化的色彩提取。

第二步：将提取出的色彩进行归纳、排列，对丰富杂乱的色块按照明度、彩度、冷暖或同类等色彩属性进行有序整理。

第三步：选取最终整理好的色彩应用到服饰设计与搭配中，使服饰色彩设计达到和谐、统一的效果。

第二节　服饰色彩的重构

色彩重构，指的是将原有物象中提取出的色彩元素，根据色彩关系在研究、取舍与整合后按照设计的需求重新组织重构，使之产生新的视觉色彩效果。这一过程是基于对自然色彩和人工色彩进行观察、学习的前提，进行分解、组合、再创造的构成手法，也是对色彩进行分析、采集、概括、重构的过程。在色彩重构时，一方面要分析其色彩组成的色性和构成形式，保持主要色彩关系与色块面积比例关系，用主色调表达出意象与精神特征，以及色彩气氛与整体风格。另一方面，在设计中拆解原来色彩形象的组织结构，重新组织色彩，构成新的形象，表达自己的情感意念，将固有色彩与新的设计思维融合构成新的结构体，使之具有新的生命。色彩重构的常用方法是通过寻找采集图片与设计物之间意义吻合的相似性和内在关联性，将原复杂的图形概括为几何图形，提取契合设计意图的结构与色彩展开取舍与合并。在进行色彩重构时要以大的色彩关系为主，依据设计主题合理地将采集到的色彩构成新的色彩画面。根据重构的不同方法，色彩重构分为等比例重构、自由重构、局部重构、形色同步重构与色彩情调的重构。

一、等比例重构

等比例重构指在色彩设计中遵循等比原则，将采集出的色彩对象、关系和面积比例，按照原来的色彩比例运用在新的设计中，不改变主要色调和原物象的整体风格。例如，将色彩之间的位置关系、所占面积的百分比等信息，整体地运用到新作品中。等比例重构的优点在于能充分体现和保留原物象的色彩面貌，是服饰色彩重构中常用且保守的方法。例如，设计师伊夫·圣罗兰（Yves Saint Laurent）以荷兰风格派画家蒙德里安的作品《红黄蓝构图》为灵感，将绘画中的几何图形和三原色作为基本元素，并把形态简化成水平与垂直线的纯粹抽象构成，使时装设计和艺术巧妙结合。粗重的黑色线条分隔着大小不同的矩形，简洁的结构，鲜亮、高饱和度的三原色相互调和，使色彩的画面整体平衡。这种风尚引发了时尚与艺术跨界设计的风潮，蒙德里安裙（Robe Mondrian）也由此成为时装史中的经典款式（图3-23）。

图 3-23 《红黄蓝构图》与蒙德里安裙

二、自由重构

　　自由重构指在设计服饰色彩时，选择具有典型性、代表性的色彩，不按比例重构。这种重构的特点是在保留原有物体的色彩感觉基础上，又有变化的色彩设计元素，其色彩比例没有固定限制，可将不同面积大小的色彩作为主色调。自由重构，根据服饰设计款式的需求有选择地选取色彩，重新设计组合后加以运用，既保留原物象的色彩感觉，又体现了人为改变的效果，适用于流行时装的设计。例如，某品牌的鞋履、箱包、服饰的设计灵感都来源于蒙德里安的几何绘画以及包豪斯运动，具有浓重的工业风格（图 3-24）。

图 3-24 以《红黄蓝构图》为灵感的女装

三、局部重构

局部重构指在服装色彩设计时，选择采集色彩的局部色调进行重构，其色彩重构具有针对性，同时色彩也更加自由、灵活。例如某品牌的鞋履选用《红黄蓝构图》中的红、黄、蓝三色，重构后运用在高跟鞋的不同部位（图3-25）。

图3-25　以《红黄蓝构图》为灵感的鞋履

四、形色同步重构

形色同步重构指根据采集色彩的特征，对形、色重新组织构成新的形式，在色彩的重构过程中可以打破原来物象的形状与色彩，突出整体设计的特征。将原来的色彩进行重构的同时，也改变原有色彩的形状，可以突出面料色彩与美感。例如，某品牌将经典蒙德里安几何图形打破重组，运用了经典的三原色，做成不规则图形状，动感十足（图3-26）。

五、色彩情调重构

色彩情调重构指在服装色彩设计时，依据原物象中的色彩情感、色彩风格做"神似"的重构，重构后的色彩关系和原物象的意境、情趣一致。这种色彩重构的方法需要设计师对采集色彩、设计对象和色彩表现有深刻的理解和认识，才能概括、提取更具感染力的色彩效果。例如，某品牌将经典蒙德里安图形简化，保留了线条和三原色的精髓，另外加入了绿色、粉色等新的色彩元素，使服饰色彩别有新意（图3-27）。

图3-26　以《红黄蓝构图》为灵感的女裙1

图3-27　以《红黄蓝构图》为灵感的女裙2

第四章
服饰色彩设计的配色原则

　　服饰配色即服饰色彩的组合，在设计服饰色彩之前，我们不仅要搞清楚每种颜色的性格，还要掌握配色的艺术性与配色的基本方法，要懂得如何确立主色调，或者从什么颜色开始设计流程。服饰色彩设计的配色是将多种色彩因素协调、统一的结果。色相、明度、纯度是色彩的基本属性，色彩的面积、位置、节奏和秩序是影响色彩设计配色的重要因素。在服饰色彩设计配色过程中，既要注重色彩与色彩之间的明度、色相、纯度等因素中的适度关系，又要注重服饰中色彩面积、秩序、面料材质等因素造成的各种不同的视觉效果和情感变化。

　　服饰色彩的搭配与调和，其行为主体是人，即人在特定生理、心理、环境条件下，以具体的社会文化、时代特性为背景，对服饰色彩的搭配效果进行评价、选择及使用。服饰色彩不仅要把握宏观效果，还要从微观上注意色彩与色彩之间明度、色相、纯度等因素的适度关系，这也是服饰色彩搭配活动中所要遵循的基本法则。

第一节　服饰色彩的调和配色原则

　　在服饰色彩设计中，色彩搭配与组合的形式直接影响服饰整体风格的塑造。设计师既可以通过同类色的组合体现服饰大方典雅的格调，也可以通过高纯度对比的色彩组合表达出热烈奔放、活跃兴奋，或用低纯度对比的色彩组合表达出低调内敛。

一、同类色调和配色

　　同类色指色相属性相同或近似的色彩，在色相环中一般处于15°～30°夹角内的颜色（图4-1）。同类色调和配色是通过同一种色相，在明暗深浅上的不同变化来进行配色，如深红色配浅红色、墨绿色配浅绿色、深蓝色配淡蓝色、深棕色配浅棕色等。同类色调和配色是最不容易出错的搭配方案，也是最常用的搭配方案。使用这种配色方法搭配出的服饰色彩给人以和谐、统一、柔和的视觉效果（图4-2）。

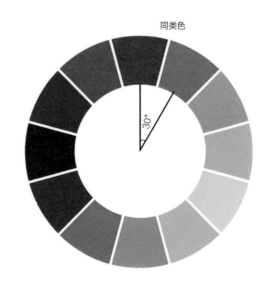

同类色

图4-1　同类色色相环

图 4-2　同类色调调和配色

二、邻近色调和配色

邻近色指在色相环上相邻近的颜色，在色相环中一般处于 60°～90° 范围之内的颜色都属邻近色的范围，如绿色和蓝色、红色和黄色（图 4-3）。

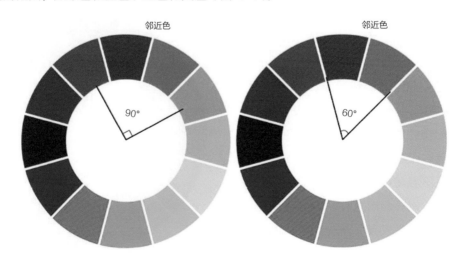

图 4-3　邻近色色相环

邻近色的色彩元素之间相互糅合，如朱红与橘黄：朱红以红为主，里面略有少量黄色；橘黄以黄为主，里面含有少许红色。无论是同类色还是邻近色的配色，其色彩的纯度都有变化。虽然邻近色在色相上有很大差别，但在视觉上却比较接近，与同类色搭配相比较，邻近色搭配的色彩感觉更富于变化，给人以温和、协调之感，在服饰色彩配色中的应用更加广泛（图4-4）。

图4-4　邻近色调调和配色女装

三、对比色与互补色调和配色

对比色指在色相环上间隔120°左右的色彩［图4-5（a）］，在色相上对比色有着明显的差异性，可以使画面展现出鲜明、个性的视觉效果。对比色给人的感觉比较强烈，常用在运动服、舞台演出服装、儿童和女性青年服装上。同时，对比色的搭配显得个性很强，容易使配色产生不统一和杂乱的视觉效果。所以对比色的服饰配色，首先要注意其统一调和的因素，特别是对比之间面积的比例关系。

互补色指在色相环上间隔夹角为180°的色彩［图4-5（b）］，常见的互补色有红色与绿色、黄色与紫色、蓝色与橙色。在色彩搭配中，补色的对比性是最强的，可使画面产生强烈的视觉冲击力。例如"万绿丛中一点红"给人强烈而清新的视觉刺激，这是红、绿两种对比色在面积上的合理比例所造成的。色彩学上把相对色又称为补色关系。相对色在服饰上的用法与对比色的用法大体相同，也应该注意主次关系。

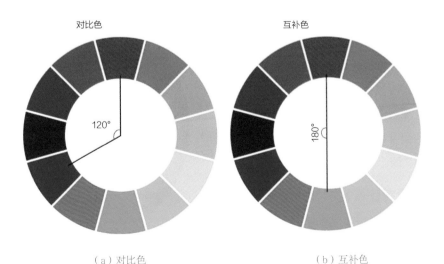

对比色

互补色

120°

180°

（a）对比色　　　　　　　　（b）互补色

图4-5　对比色与互补色色相环

色相环上色彩的间距越远其色彩的对比效果也就越强烈，如红与绿、橙与蓝、黄与紫之间的对比性大于统一性，组合在一起更能让人产生强烈、醒目、兴奋的视觉感受（图4-6）。但有时在设计时为了使相对色搭配在服饰上取得更加理想的效果，可以酌情加入中间色调，如红色上衣、绿色裙裤都是纯色，其效果因过于强烈而导致视觉效果不佳，如果将上衣改用朱红，裤裙改用暗绿色其效果就会好得多。当色相繁多，对比变化因素多时，由于色彩差异，要注意各个色彩因素间的统一调和，以达到多而不乱、多变而统一的效果。同时，还要注意色彩明度、色相、纯度间对比关系的适度性，以及色彩与面积、形状、位置、聚散、虚实关系的统一性，使得众多色相之间相互呼应、穿插、重叠，形成和谐的色彩主从关系。

图4-6　对比色与互补色调调和配色女装

第二节　服饰色彩的对比配色原则

对比配色指两种或两种以上色彩之间形成的视觉对比现象，是服饰色彩设计配色中的常用方法与原则。对比配色的原则包括色相对比、明度对比、纯度对比，通过色相对比、明度对比、纯度对比等，形成强烈的视觉对比效果，从而产生深刻的色彩印象。对比色的色彩搭配所体现的服装风格鲜艳、明快，多用于运动服、儿童服、演出服的设计中。

一、冷暖色相对比配色

冷暖色相对比指色彩与色彩之间分别由冷、暖倾向的不同色彩而形成的对比（图4-7）。在冷暖色对比配色时，要注意减弱对

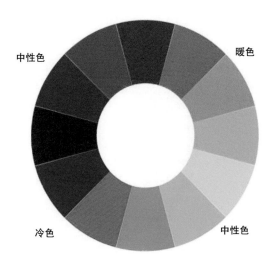

图4-7　色相环上冷暖色位置对比

比的冲突性，建立色彩的秩序感。同时，通过调整面积来减弱对比配色的冲突感，尽可能统一在一个主色调之下，明确占据主导地位的重点色调，配以小面积的对比色来活跃效果，既有画龙点睛的功效，又能保障色彩搭配效果的协调统一（图4-8）。或者，通过建立呼应的对比配色法，包括领带和胸袋巾用同色，围巾、皮包和手套用同色等，它可以减弱饰物色彩的冲突感，能起到一定的融合色彩、协调搭配的效果。呼应配色有点像一种特殊的面积调整法，也有点像特殊的降低纯度法，混合了其他颜色的图案之后，整体的色彩纯度远看就相当于被降低了。

二、明度对比配色

明度对比配色是指在服饰配色时，按不同明暗程度组合、搭配色彩的方法，侧重色彩明度的对比，色彩中的色相及纯度次之，即服装色彩中的明色调、暗色调以及各类明暗对比度不同的配色都是以色彩明度为主进行设计的（图4-9）。以明度为主形成的色彩对比使得亮色更亮，暗色更暗，给人的视觉带来强烈的对比感受，突出服饰设计中的重点，凸显服饰色彩设计搭配的节奏感。色彩的明度、面积、形状及位置的不同组合，会构成或明快，或庄重，或活跃，或沉静的视觉效果。

图4-8　冷暖色相对比配色女装　　　　　　　　　　图4-9　明度对比配色女装

三、纯度对比配色

　　色彩的纯度可划分为高纯度、中纯度与低纯度，纯度越高色彩就越鲜明。高纯度色彩是不混合其他色彩的单一纯色，给人以鲜艳、亮丽之感；低纯度色彩是在纯色中加入两种及其以上的其他颜色，使原色彩纯度降低，产生软弱、含蓄、灰色之感；中纯度色彩是处于上述两者之间的色彩，既能显示鲜艳感，也能显示沉郁、庄重的感觉。因此，在设计服饰色彩时，大面积地运用高纯度配色，会使服饰配色鲜明、华丽、生动、活泼；反之，大面积地运用低纯度色，会使整个色调感情变得朴素、沉静而稳重（图4-10）。两者如果搭配不好则会产生或混乱生硬，或灰暗无力的视觉效果。当色彩的纯度、明度越接近时，服装色彩的视觉效果就越柔和；当色彩纯度差、明度差越大时，服装色彩的视觉效果就越跳跃、明快。在利用纯度进行配色时，还要充分运用明度差、色相差对服饰色彩进行设计配色，使服饰配色整体上既有变化与对比，又统一且和谐。

图4-10　纯度对比配色服装

四、无彩色与有彩色对比配色

在服饰色彩设计中，除了有彩色间的对比配色包含多种色相、明度和纯度的混合性配色方式之外，无彩色与有彩色、无彩色与无彩色之间也可进行对比配色（图4-11）。

（a）无彩色与有彩色的对比配色　　　　　　（b）无彩色与无彩色的对比配色

图4-11　无彩色与有彩色、无彩色与无彩色对比配色女装

第三节　服饰色彩的渐变配色原则

渐变配色是服饰色彩设计中常用、高效的配色原则之一，常见的配色原则有同类色渐变配色、邻近色渐变配色和无彩色渐变配色。

一、同类色渐变配色

同类色渐变配色指同一色相的色彩，在明度、纯度上通过逐渐变化进行的配色（图4-12）。它是某种颜色通过渐次加进白色配成明调，或渐次加进黑色配成暗调，或渐次加进不同深浅的灰色配成的，如深红与浅红、墨绿与浅绿、深黄与中黄、群青与天蓝等。同类色渐变配色在服装上运用较为广泛，配色柔和文

图4-12　同类色渐变配色女装

雅，出现的效果平和人眼。同类色搭配是最为简单的一种搭配，其优点在于画面和谐统一，给人文静、雅致、含蓄、稳重的视觉美感。

二、邻近色渐变配色

在色相环中，相邻的色彼此都是类似色，彼此间都拥有一部分相同的色素，因此在配色效果上，也属于较容易渐变调和的配色，邻近色配色指的正是基于此所形成的配色。同时，邻近色有远邻色、近邻色之分。近邻色有较密切的属性，易于调和；远邻色则有一些色差，这与色彩的视觉效果相关联，直接与色差及色相环距离有关。邻近色的配色关系处在色相环上30°～60°以内的范围，这种色彩配置关系形成了色相弱对比关系。邻近色的配色特点在于色相差较小且易产生统一协调之感，因此也较容易出现雅致、柔和、耐看的视觉效果。在设计服饰色彩时采用这类对比关系，配色效果较丰富、活泼，具有统一感，同时还能弥补同类色配色过于单纯的不足，又保持了和谐、素雅、柔和、耐看的优点（图4-13）。

此外，在服饰色彩搭配中运用邻近色彩调和时，还要重视变化对比因素，当色相差较小时，则应在色彩的明度、纯度上进行一些调整和弥补，这样才能达到理想的服饰配色效果。

图4-13　邻近色渐变配色女装

三、无彩色渐变配色

无彩色作为万能色，既可以与其他色彩搭配（图4-14），又可单独形成渐变配色。以白色、高级灰与黑色搭配渐变配色为例，白、灰、黑色属于典型的无彩色系，在服饰色彩中属于百搭色和经典色。其中，灰色系通过不同明度的调和形成渐变的视觉效果，能够突出服饰的高级感与和谐感。若灰色分别与白色、黑色组合渐变，则可增加其时尚感和活力感（图4-15）。

图 4-14　无彩色与有彩色搭配配色

图 4-15　无彩色渐变配色女装

第五章
服饰色彩搭配的设计法则

　　色彩是服饰美学的重要组成部分，由于人体所呈现的面积有限，所以一套服饰使用到的色彩数量及类型不宜繁杂，需要科学掌握一定的色彩学规律和原则，才能创造较为舒适和谐的视觉效果。色彩以不同的面积、形状、位置及形式展现在服饰上都会产生不一样的美感效果。与此同时，服饰色彩设计必须考虑人的因素、服装的构成以及装饰配件等因素。

　　从服饰的商业性角度来看，流行的背后意味着广大的顾客群体。符合大众的色彩审美倾向，有利于增加服饰的商品附加值，体现其经济价值与社会意义。因此，掌握具有普遍规律的色彩设计原则与方法是进行服饰设计的重要基础。本章从服饰色彩的调性入手阐述了相关形式美学方面的要求，挖掘对色彩要素进行不同组合后形成的视觉美的规律；同时着眼于服饰色彩与服装款式特征间的关系，展现服饰本身的色彩美；最后从色彩的市场规律入手，阐述了服饰色彩的流行之美。服饰色彩只有将形式美、款式美与流行美紧密结合起来，才能充分发挥出它对于服饰而言的价值。

第一节　服饰色彩设计的形式美法则

　　统一与变化是社会及自然发展的根本法则之一，在哲学中也强调了统一与变化的重要意义：统一是整体的、相对的，而变化是局部的、绝对的。对于服饰色彩设计而言，其设计表现形式总体也呈现出统一与变化的特征。统一反映在色彩设计中，是遵循服装整体性和系列性，注重挖掘它们的色彩共性特征；变化反映在色彩设计中，则强调服饰各局部的区别，注重挖掘它们的色彩差异性特征。在统一和变化两种特征的相互作用下体现服饰作品所具备的形式美。

　　通常将色彩的排列组合称为色彩构成，这种构成表现出的设计美感被称作形式美。服饰色彩设计必须遵循一定的形式美法则，过分强调统一会使作品陷入过于乏味单一、缺乏生动感的境地，使用过多元素会令服饰作品显得杂乱无章、毫无设计头绪，两者都是缺乏形式美和设计美的具体体现。不同的着装场合对于服饰色彩的统一变化要求也有所区别：一般日常休闲服饰、职业套装、正式场合下的礼服等更强调色彩设计的统一性；运动休闲类服饰、舞台表演类服饰、潮牌类服饰等则更强调色彩设计的变化性。

　　对于服饰色彩设计而言，一般需遵循的形式美法则有：协调与均衡、比例与分割、节奏与韵律、主次与强调、呼应与衬托等。设计师要努力提高在创作中运用色彩形式美的能力，最终能有效促成形式与内容的高度统一。

一、协调与均衡

服饰色彩设计的配色准则中，色彩的协调与均衡可谓是形式美法则中的第一要义，即色彩搭配的匀称性、合理性及美观性。人们对于服饰配色的首要要求便是视觉观感的整体和谐，色彩对比的强弱、轻重，以及生理及心理上的平稳性、稳定性，都可以反映在服饰色彩的协调与均衡上。

1.协调

协调相对来说是一个符合中国哲学精神的概念，儒家思想强调"中和""中庸之道"，反映在服饰色彩设计中便是从视觉上直观表现色彩的整体协调与和谐，具体体现在色彩的明度、纯度比例的使用恰到好处，不过于鲜艳或是过于暗淡（图5-1）。

图5-1　色彩面积的分配达到协调效果

要判断整体色彩是否协调，现阶段还无法定量考虑，主要还是依靠个人的主观感觉及经验方面的定性考量。在日常生活中，我们常谈及色系概念：日系服饰一般表现为裸色系，森系服装以绿色系、咖色系为多。风格的形成除了服饰款式、面料的区别，通常以某范围内色彩的协调实现自身特色。

一般情况下，单色设计、类似色设计比起多色设计、撞色设计来说更容易实现协调的效果。在色相环中，相邻接的色彼此属于类似色，彼此间拥有部分相同的色素，由于色相差较小而易产生统一协调感（图5-2）。相反，若将色相差拉得太大，视觉效果则相对跳脱，一般体现于对比色配色，这种搭配显得个性较强，较容易使配色效果产生不统一和杂乱感。所以对于色相差过大的服饰配色，首先要注意其协调性，特别是对比色之间面积的比例关系，如"万绿丛中一点红"给人强烈而清新的、相对舒适的视觉效果，正是红、绿两种对比色在面积上的合理搭配而形成。

图5-2 邻近色的使用给人协调感
（设计师：郭蓁妮）

2.均衡

均衡在服饰色彩上的体现更像是不同的色块相组合产生相对的稳定感，轻重分布得当，在视觉上形成相对的平衡。均衡常与对称比较，两者实则属于一种包含与被包含的关系，对称等于一种特殊状态的均衡，而均衡只是一种大概的对等、平均，一般情况下是不对称的，相比较对称而言更充满新奇性。例如，两组或多组色彩在总量、总面积上等值（图5-3），对称强调在不同空间内将这些色彩进行平均分配，均衡则会在比例分配上进行微调，具备更多搭配可能性。

色彩的协调与均衡通常受到色彩明度、纯度及其占比面积的共同影响。例如某一款服装或服饰配件色彩过于寡淡素雅，就会给人一种毫无生气、软弱无力之感，在此时若是补充、增添一些明度较高、鲜艳的色彩进行点缀，便可在视觉上获得更

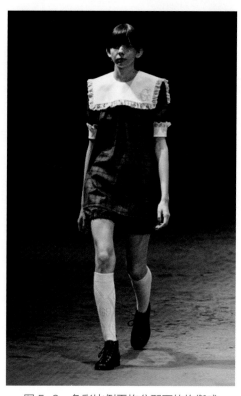

图5-3 色彩比例平均分配下的均衡感

舒适的协调感、均衡感。同理，人们久视高纯度、色彩鲜艳的服饰时也会产生视觉疲劳之感，此时便可运用黑白灰等低纯度的色彩进行调和，达到一种协调、均衡的状态。在服饰空间中，任意一种色彩面积的过大或过小都会对视觉效果产生较大影响。若要追求服饰色彩的协调均衡感，必然要考虑这些色彩组合的面积比：面积差过小，会趋向于变化较小给人带来的枯燥、乏味；面积差若是过大，又难以显得协调、稳定。总而言之，服饰用品上多个不同明度、纯度的色块以近似的面积进行组合，便容易让人获得视觉上的协调与均衡感（图5-4）。

（a）服饰款式不对称设计下的色彩变化　　　　　（b）服饰色彩的不对称设计

图5-4　不同明度、纯度的色块组合形成的协调感（设计师：张家豪）

二、比例与分割

色彩设计中的比例是指同色块的数与量之间的比较关系。整体服饰中不同色彩的占比不同，会直接影响服饰的视觉观感（图5-5、图5-6）。

图 5-5　不同色彩比例下的色彩观感

图 5-6　比例处理在服饰色彩上的应用

同一色彩面积占比大小也会影响到服饰整体的色彩感觉：面积越大，其呈现出的明度及艳度越强；面积越小，明度及艳度的感觉越弱。常用的比例处理关系有黄金比例、渐变比例及无规律比例等。

黄金比例是一种由希腊人发明的几何学公式，其原理是指将已知长短的线段进行切割，分为大小两部分，最终小部分线段与大部分线段之比等于大部分线段与线段总长度之比，即总线段长为 $a=b+c$，大部分线段长为 b，小部分线段长为 c，$c:b=b:a$，比值约为 $1:1.618$。遵循这一规则的分配方式被认为是具有美感的，服饰色彩设计中运用该规则也能达到同等效果，即按照人体比例，将上下装色彩按 $2:3$、$3:5$ 或 $5:8$ 的近似值进行分配。

渐变比例指的是将色彩按照一定的数值比例呈阶梯式进行过渡排列，一般情况下多采用同色相中不同明度、纯度的色彩进行有规律的叠加或拼接，视觉上呈现较为舒缓、平和的效果。若是选择两种对比较大的色彩进行配色，中间可以使用两者色相环内的色彩按照相应比例有规律地进行过渡，形成色彩与色彩间的渐变感，有节奏且富于变化（图5-7）。

图5-7　渐变比例在服饰色彩上的应用

　　无规律比例因受到当代新潮流对新鲜感、多样性的影响，在现阶段服饰设计中较为常见。这种色彩设计形式常与服装款式设计中的结构主义、不规则主义等一同运用，无论是单色设计、同色相的类似色设计，还是色相差较大的撞色设计，都可以通过无规律比例的形式达到一种新颖时髦、不落俗套的视觉效果（图5-8）。但无规律比例的运用并不意味着背离协调和谐的设计准则，而是通过色彩面积上的变动调整形成一定的视觉舒适度。

图 5-8　无规律比例在服饰色彩上的应用

三、节奏与韵律

　　服饰设计作为艺术领域的一部分，和诗歌、舞曲等一样具备自己的节奏性及韵律要求，这能使设计出来的服饰商品生动且有感染力。

1. 节奏

　　自然界中有规律的重复、连续现象称为节奏。节奏通常具有两层关系：一是力的关系，突出强弱变化；二是时间的关系，即运动过程中体现的重复性、规律性。连续、强弱、高低、重复、间隔等都为节奏的重要表现形式。节奏通常被当作音乐术语，用来形容音与音之间的高低、长短、强弱、连续、间隔及停顿关系。在服饰色彩设计中则具体表现为：服饰面料中同种色彩纹样的运用具有规律性；服饰面料中不同色彩纹样的交替、反复使用具有规律性；服饰色彩在明度、纯度、色相上的交替变化具有规律性。这种体现既可以反映在上下装、内外装的色彩反复变化，也可以反映在服装与服饰配件整体的色彩交替变化。

服装色彩的节奏有以下几种形式。

（1）渐变节奏。渐变节奏也称为定向性节奏，体现在服饰色彩设计上可用音乐上渐强渐弱的节奏形式来解释。音乐是将音符或音符要素按一定顺序排列变化，组合成一首有规律可循的乐曲，而服饰的色彩设计则是将色彩的诸要素（明度、纯度、色相、色面积、色形状等）按一定规律或顺序排列于服饰上，总体呈现出由浅到深、有暖到冷、由亮到暗、由大到小或相反布局的色彩变化（图5-9）。渐变规律可遵循等差或等比变化，等差变化的节奏较为缓慢平和，而等比变化的节奏较为急促跳跃，视觉效果相比于等差变化而言更为强烈。

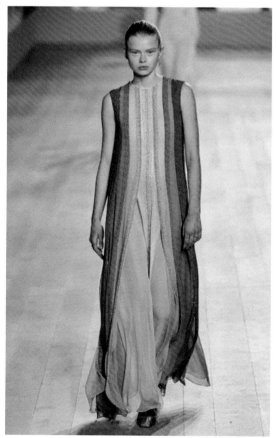

图5-9　渐变节奏在服饰色彩上的应用

（2）重复节奏。服饰色彩的重复节奏是指同一色彩要素连续反复或几个色彩要素交替反复，从而形成一种较为稳定规律的色彩节奏形式。

① 同一色彩元素重复节奏。也称为往返式节奏，它既可以是同一色相、明度、纯度、色面积、色形状等色彩要素的连续多次重复，也可以是几个色彩要素所组合形成的小单元表现出的反复现象，属于重复节奏中较为简单的形式（图5-10）。

② 不同色彩元素交替反复节奏。相对于前者的重复形式而言更为复杂，是以两个或两个以上的独立色彩要素进行交替反复而形成的节奏。综合应用多种简单重复性节奏或渐变性节奏，可以使简单要素产生多样化的效果（图5-11）。

（3）动感节奏。服饰色彩的动感节奏是指通过诸多色彩要素的变化，总体反映出一定的方向性、流动性，从而形成的一种整体动感效果。它一般以较为多元的、自由的节奏形式出现，变化没有明显的规律性，如同音乐的时快时慢，时而流畅、时而滞涩，虽然节奏感较弱，但整体脉络清晰，依然呈现出强烈的节奏韵律感（图5-12）。

图 5-10　同一色彩元素重复节奏在服饰色彩上的应用

图 5-11　不同色彩元素重复节奏在服饰色彩上的应用

图 5-12　动感节奏在服饰色彩上的应用

2. 韵律

韵律可以理解为一种形式较为特殊的节奏，节奏仅是单调地重复步骤，而韵律则是充满变化与生机的节奏，在节奏中增添了更为个性化的反复和连续现象。它相对于节奏而言并没有过多的规律与形式可以挖掘，从表面上来看相对自由、不死板，而探寻内在表现形式能够找出一定隐藏的规律与秩序性（图5-13）。

四、主次与强调

每一种表现服饰主题的配色都存在主次关系和独特的设计亮点，能表现出色彩舒适度的服饰在配色上必然注重主次之分，设计时不能使各种色彩之间的关系过于平均，其次也可在适当的位置放置适宜的强调色。

图 5-13　服饰图案上色彩设计的韵律体现（设计师：岳满）

1. 主次

主次是指构成物体的不同要素相互之间的关系，是对事物局部与局部、局部与整体之间组合关系的要求。不同的色彩反映在服饰作品上，存在被观看者先后关注的顺序性差异，主次关系的丰富程度也体现出服饰的层次感。

任何艺术作品都有一个表现主题，如同音乐会有前奏、间奏、高潮、尾声等，其高潮通常指的就是这段音乐的主旋律部分，其他部分则都是为以主旋律为主的音乐主题服务，处于附属地位。好的音乐旋律有主次之分，若一首乐曲中同时出现好几个主旋律，欣赏者就会茫然，出现听觉疲惫感。服饰色彩设计也同理，要在众多的组合因素中让各部分色彩之间产生协调感、统一感，最重要的是要在诸多因素中明确一个主调色彩，使之成为支配性色彩，而其他色彩都与它发生关系，做到主调明确，主次色彩相互关联和呼应。

在服饰设计中，一套或一系列服饰中所出现的各种色彩之间的关系不能够平均分配、完全一致，应该体现出主次的区别。体现主题的色彩要设计为最大面积，它体现了服饰的主色调，也在一定程度上具备基调色的地位与效果。除此之外的色彩则可以设计为较小的面积，作为主调色的从属色、强调色及情调色。服装色彩中的主次关系是辩证的，主次分明而互相关联，既统一又有变化（图5-14）。主要色彩的面积要适度，次要色彩也不是可有可无。

图5-14　主次关系在服饰色彩上的应用

2. 强调

强调也可称为是点缀作用，强调的目的主要是为了改善服饰设计整体单调乏味的状态，通常形式是在该服饰作品的某个局部位置设置某种引人注目、较为显眼的，与服装整体色彩不同质的颜色，从而起到画龙点睛的效果（图5-15）。色彩的艳浊、冷暖也会影响色彩的强调效果，纯度高的色彩以及主色调呈对比效果的色彩常用来作为强调色使用。强调色彩的位置设置也有一定讲究，为了达到突出重点的目的，往往将强调的色彩放置于视觉中心部位，如人体的肩颈、腕部、腰部、双肩与胸中部所构成的三角区域，特殊设计中也会安排于背部、臀部及臀围线附近位置，用以打破无中心服饰的平淡效果及中心过多的杂乱状态，或是通过服饰配件进行色彩强调（图5-16）。

服饰色彩设计中色彩强调的运用也具有一定的技巧，主要如下。

① 用于强调效果的色彩通常需要比服饰整体色调强烈、显眼，更能突出强调的作用（图5-17）。

② 用于强调效果的色彩应注意在使用面积上不宜过大或过小，过大的面积不易形成视觉中心，而过小的面积往往会弱化强调效果。

③ 用于强调效果的色彩为防止与服饰整体出现违和感，可以采用整体色调的对比调和色，例如在明度、纯度、色相上使用对比色（图5-18）。

图 5-15　有彩色在无彩色中的强调作用
（设计师：张嘉宸）

图 5-16　对比色的强调作用

图 5-17　邻近色的强调作用

④ 用于强调效果的色彩需要根据服饰设计的主体选择强调位置，由于强调色能在服饰配色间形成较大聚集力，易造成视觉紧张感，因此强调位置的选用将会影响服饰的整体观感。

⑤ 通常情况下用于强调的部位越少，强调效果越强（图5-19）。若设计过程中需要采用多部位强调时，需要在该过程中保证这些设计部位色彩的秩序性，将强调色之间的差异进行控制，以防杂乱无章、使得服饰表现出散乱感。

图5-18　通过服饰图案进行色彩强调

图5-19　通过服饰结构设计进行色彩强调
（设计师：王亚楠）

五、呼应与衬托

一般来说，服饰的某种色彩不会以单独而孤立的方式呈现出来，服饰上的色彩在空间位置、形状大小上都是有机组合的存在形式，色彩之间需要同一色或同类色进行呼应与关联，也需要用互补色或对比色进行衬托。

1. 呼应

呼应表现在服饰色彩上存在着两种含义：一是指一件服装或者一套服饰自身的色彩呼应，可以是服装色彩与配饰色彩的呼应，也可以是配饰色彩之间的呼应，服装上下装也不会存在互不相干的关系（图5-20）；另一种是指服饰作品的系列性，某组系列服饰一定存在着色彩要素上的呼应，通常某种色彩总能在其他地方找到相关元素之间的呼应关系，色彩的形状和质感等也都是可用来取得呼应关系的因素之一（图5-21）。

图5-20　成衣间的元素、色彩呼应　　　　　图5-21　系列服饰之间的元素、色彩呼应

服饰的各部位色彩要互相呼应，尤其是局部色彩与主色调反差强烈时，较为突兀地出现会影响整体的协调性。因此在进行服饰色彩设计时，一定要把握好色彩之间的上下、左右位置关系，比如，上下装之间形成呼应；类似的大小格纹图案应用与服装的不同部位形成呼应；各种配饰如项链、耳环、纽扣与鞋子的色彩形成呼应；内外、整体与局部之间也可以有所呼应；内衣和外衣的色彩有所关联（图5-22）。一种颜色或数种颜色在不同的部位重复出现，色彩语言在某款或某系列服饰中才能显示出应有的魅力。

2. 衬托

衬托通常表现为对立效果，作用是为了突出设计师想要强调的色彩主题。通常用于

图5-22　成衣间的元素、色彩呼应

衬托的色彩其明度、纯度应稍弱于想要强调的色彩，且应避免选用同该色彩对比过于强烈的色彩（图5-23）。用于衬托的色彩的选择、位置的排列、面积的比例等都必须从服装整体色彩效

图 5-23　衬托效果在服饰色彩上的应用

果方面考虑，这是色彩获得协调美的重要手段之一，从而使服装配色得到多样统一的美的表现。

服饰色彩的呼应与衬托是某种色彩在服饰上某种形式的延伸，它可以诱导人们的视线进行前后、左右、上下的变化移动，总体上又丰富了服饰作品的情调与氛围感。综上所述，根据色彩的对比性以及调和性，适当运用一定的研究方法，能够使设计色彩搭配合理又能美观地呈现出来。服饰具有多种形式美，虽然没有固定准确的公式来进行评判和衡量，但仍可以总结出一定的规律，这些规律就是上面所提到的服饰色彩设计的形式美法则，它们为设计师设计出更完善、更富有美感的服饰作品提供理论性指导。

第二节　服饰色彩设计的款式美法则

款式对于服装而言又可称为廓形，服装廓形在不同历史时期，不同社会文化背景下呈现出多种形态，这其中有一定的规律可探究。它是服装造型的根本，是对所有的服饰外轮廓进行简洁、扼要的概括，是平面形对服饰实体三维空间做出的平面化解释。

人体作为服装的穿着主体，廓形的变化自然是以人体结构作为基准。服装廓形的形成与变化主要取决于人体支撑服装的几个关键部位：肩部、胸部、腰部和臀部，设计师有时也会在服装的摆部位置进行造型的变化。服装廓形的变化与这几个关键部位的关系是通过改变廓形可以突出或遮盖这些部位，突出或遮盖的程度不同导致各种不同款式廓形的形成。服装廓形按字母命名，可分为 A 型、H 型、X 型、T 型等，每种廓形都有各自的造型特征和色彩搭配方式。

深入了解和分析服装款式廓形与服饰色彩设计之间的关系，及它们的发展变化规律，借助服装廓形与色彩设计的巧妙结合来表现服饰的丰富内涵和风格特征是服装设计师的设计修养与设计能力的综合体现。

一、A 型廓形色彩设计

A 型廓形在 20 世纪 40 年代开始流行，A 型即是窄肩，由腋下逐渐变宽的廓形，裙子和裤子均以紧腰阔摆为样式，总体呈现出"头轻脚重"的特征。其外形与三角形相似，往往给人以修长而优雅的感觉，因而多使用于大衣、连衣裙和晚礼服等服饰设计中。这种廓型可以在腰部以上的部位设置较为强烈、鲜艳的色彩，从而将人们的视线转移至上方。色彩强烈、具有膨胀感的上衣搭配色调较深的下装，以此达到收缩下半身、扩大上半身的效果（图 5-24 ）。

图 5-24　A 型廓形色彩表现形式

二、H型廓形色彩设计

H型廓形服装款式上、下半身比例均等、协调，也可称为长方形廓形，造型特征上较强调肩部造型，自上而下不收紧腰部，下摆为筒形，给人以块状感，使人整体表现出修长、简约之型，缺点是较难体现女性的曲线美，但能够体现严谨、庄重的男性化风格特征，所以在现代服装设计中多运用于男装，尤其是休闲服饰、运动服饰。女装裙子和裤子也以上下等宽的直筒状为特征，如图5-25（左）所示。

通常情况下，H型廓形服装多采用明度、纯度较低的色彩，由于这种服装款式弱化了肩、腰、臀之间的宽度差异，所以需注意在腰线位置避免使用过于强烈跳跃的色彩，以防更加突出笨拙、肥胖感。一般可通过在颈围、服装摆部增添色彩的方法来转移人们对于腰部的注意力，也可以拉长整体的色彩比例，通过改变色彩比例来修饰该廓形略微肥胖的状态。

同时H型廓形服装在选用较为鲜艳的色彩时，能起到一种引人注目的效果，如图5-25（右）所示，红色款H型廓形服装给人亮眼之感。

图5-25　H型廓形色彩表现形式

三、X 型廓形色彩设计

X 型廓形服装款式上、下半身比例相对协调，是较为标准的体形，造型特点是稍宽的肩部，紧收的腰部，自然放开的下摆，胸与臀接近等宽，更突出人体腰部的细化效果，通常适用于女性服饰中，可表现出腰部纤细、婀娜的女性特征（图 5-26）。所以 X 型廓形多被用于晚宴礼服、婚纱、高级定制等经典和淑女的服饰风格设计中。

X 型廓形服装常用配色方法为隔离配色法，即当上下半身处于两色或是多色的配色中，两者过于融合或过于强烈的情况下，会给人一种沉闷的感觉，在相互连接的色彩中插入一种分离色来达到色彩调和的目的，使它们之间的关系明了、清晰，具体方式是通过无彩色或某一种颜色隔离各个色相而达到一种秩序美。

图 5-26　X 型廓形色彩表现形式

四、T 型廓形色彩设计

T 型体形通常为标准、健硕的男性体形，对于女性而言，肩宽、臀部与大腿较瘦，整体会显得娇小丰满（图 5-27）。T 型廓形服装款式是肩部夸张、下摆内收形成上宽下窄的廓形，总体呈现出"头重脚轻"的特征，因而上半身服饰不宜选用明度、纯度较高的色彩，如一些暖色、亮色或鲜艳色彩，应多运用暗灰色、黑色及一些冷色调使得上身显得偏小；对于下半身来说可以运用一些高明度、高纯度色彩或是服饰配件来转移人们的视线。

以上服装款式通常是以正常体形进行打版制作，而一些特殊体形，如消瘦型、肥胖型、溜肩肚大型、罗圈腿型等身材除了能够利用服装造型进行修饰外，同样可以根据色彩的冷暖

图 5-27　T 型廓形色彩表现形式

感、轻重感在视觉效果上所发挥的作用，采用色彩设计的手段来弥补体型缺陷。

对于消瘦型体形的人，为了能在视觉上尽量表现出显胖效果，可以利用浅色具有膨胀感这一色彩原理，多选用一些色调浅而明亮的色彩。服饰搭配上可以倾向于上装与下装同色调，面料可选带有光泽感的素色、浅色，如白色、米白色、淡黄色、淡绿色、淡粉色等都是能够减弱消瘦效果的色彩选择。

适合肥胖型体形的人的服饰配色与适合消瘦型体型的服饰配色选择正好相反，不宜选用太浅、太鲜亮的色彩，更适宜选用暗淡、深沉、素雅的冷色调。比如藏青色、深灰色、深咖色会起到修身显瘦的效果。

适合溜肩肚大型体形的人的服饰在于利用修饰身型的线条，衣服不宜过于紧身，通常可以借助竖条纹为主的深色、素色的图案，不宜采用浅色的横向线条以及一些会形成强烈反差的强对比色彩。

罗圈腿型体形的人同样不宜穿深色的紧身下装，穿与上装同色系的裙装、阔腿裤装皆可，同时也可以尽量控制素色面料的使用，而选用一些有印花图案的面料，能对腿型缺陷起到转移注意力的效果。

第三节　服饰色彩设计的流行美法则

现在的生活时尚与全球化进程息息相关，服饰发展到当代，已经是一个受时代因素、潮流因素影响巨大的产业集群。服饰流行是一种客观存在的社会文化现象，是人类爱美、求新求异心理的一种外在表现形式。从社会维度来看，人们的审美喜好随着媒体信息传播速度的加快而变化丰富，流行元素层出不穷并且日新月异，多元化、多样性正是现代服饰所具备的特征，服饰的新意和时代感就在这种变化中产生。从个体维度来看，人们对于服饰的需求已不仅仅局限于功能性，个性化、艺术化的表达成为服饰更高的价值体现。

随着第三产业的不断发展壮大，色彩语言已经成为一种全球性的语言，而且也在不断变化。从时间维度来看，无论是早中晚差异、季节性差异，服饰色彩都随着时间的变化而产生一定的流动性，这种流动性意味着服饰设计师、色彩工作者要做更多的工作，对于他们而言，色彩已经成为服饰品牌企业发展的关键工具，所以服饰色彩设计也是一项具有前瞻性的工作。从空间维度来看，由于作为着装主体的人存在动态性，因服饰材质的不同，色彩会随着这种自带的动态感在光线的变化中，产生流动的美感。

服饰设计作为最能直观表现科技与转变的学科之一，设计师利用所学的色彩理论进行市场调研、色彩设计，掌握流行色及其变化规律、应用价值，从而掌握良好的色彩搭配技术，能够将色彩、材质、外形和触感等要素联系到一起，使产品精致化、有设计感且符合不同人群的消费喜好。

一、流行美与流行色概述

流行美在服饰色彩上的具体表现便是流行色的推行，流行色在所有色彩现象中最具前卫性，并且在服饰上运用较为广泛。随着时代的变化和发展，人们的审美标准也随之变化。在某个时期或某个地区甚至世界范围里，某些颜色受到人们的欢迎并广泛流行，成为流行色。流行色具有强烈的时代特征，因而在一个时期内成为被广泛使用的颜色，并随之形成流行美风尚（图5-28）。

图5-28 潘通2000～2022年度流行色

流行色是相对常用色衍生出的一个概念，从字面意思上看指的就是某一时期及地区被多数人推崇与喜爱的色彩，即时尚的、有潮流感的颜色，它总是从具有号召力的流行集中地逐渐向对时尚不太敏感的流行分散地进行渗透传播。流行色的变化主要受到该时期政治、经济及人们的文化交流、心理因素影响。它的演变大约为5~7年，可分为始发期、上升期、高潮期和消退期四个阶段，高潮期在消费市场中属于该色彩的黄金销售阶段，通常能够维持1~2年时间。

流行色的变换对于服饰市场的影响较大，主要表现在它对服饰商品的设计、生产、销售及消费者的审美喜好具有很大程度的引导作用。日本流行色协会有一个观点：企业若是想要保持持续高速发展的状态，在市场上立于不败之地，就必须明确流行色并且有效利用它。对于纺织品市场而言，流行色便等于金钱，在其他的行业中流行色的推行也具有重要意义，这将提高色彩的协调性和一致性。结合消费者求同、求异、求新的多样化消费心理，设计师可使用流行色这种体现服饰流行美的工具，探讨如何加速时尚风格变迁、推动时尚面貌更替，从而激发消费者对色彩消费的强烈欲望。

流行色需要专业的色彩顾问、色彩教育方面的专家捕捉和传递最新的色彩信息给企业、设计师和色彩相关工作者，以确定的色彩为品牌及其相关产品服务，利用色彩营销引导大众提升色彩意识。合成材料的出现使西方国家在色彩运用上取得了技术上的优势，掌握了流行色预测发布的主要话语权。

1. 流行色机构

对于流行色的把握及预测在当今的商品信息社会具有重要意义（图5-29），因此就国际服饰市场来说，经济越是发达的地区，对于流行色越为看重，且通常会在当地设置权威性的流行色机构。这其中不只局限于专业机构，同时也会涉及一些商业类型机构。其中全球最早成立的流行色机构是1915年于美国设立的纺织品色彩协会，随后相继又诞生了国际流行色委

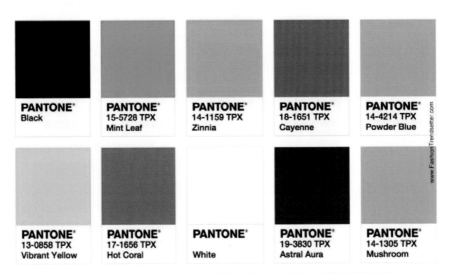

图5-29　运用于2020/2021秋冬亚洲运动用品与时尚展的流行色

员会、《国际色彩权威》杂志、欧洲色彩学会等权威性机构，现阶段国际流行色委员会被看作是全球最权威的流行色机构，为色彩事业建设和色彩科学普及做出巨大贡献。

　　每年参加流行色预测的国家有中国、韩国、法国、意大利、德国等20多个国家，每年的流行色由这些国家的公关机关共同推出。其中，具有世界代表性的色彩情报机关是国际羊毛局（IWS，International Wool Secretariat），国际棉业振兴会（CIM，Comite de la Coordination des Industries de la Mode），国际流行色委员会（Intercolor，International Commission for Color in Fashion and Textiles），日本流行色协会（JAFCA，Japan Fashion Color Association）等。

　　（1）国际流行色委员会。国际流行色委员会全称为国际时装与纺织品流行色委员会（International Commission for Color in Fashion and Textiles，英文缩写为Intercolor），是预测国际流行色彩及其趋势最权威的机构，由英国、法国、西德和日本的产业团体于1964年联合成立，对于国际服饰及纺织品面料都具有重要影响。各个国家和各个民族，由于种种原因，都有自己喜好的传统色彩，长时间内相对稳定。但这些常用色有时也会转变，上升为流行色。而某些流行色，经人们使用后在一定时期内也有可能变为常用色、习惯色。该委员会发挥了委员会具有的专家优势和国际专业资源优势，于每年的2月、7月召开色彩分析专家会议，根据各个成员国提交的提案色进行商议，并针对当前的社会、经济以及气候等各方面因素分别制定出春夏季（S/S）、秋冬季（F/W）的季节流行色彩方案。通常，纱线色彩要比市场提前18个月发布，面料则提前12个月，服装提前6~9个月。

　　（2）《国际色彩权威》杂志。《国际色彩权威》（International Color Authority，英文缩写为ICA）杂志成立于1968年，是由《美国纺织》《英国纺织》及荷兰的《国际纺织》三家纺织专业杂志联合出版发行。该杂志每年于英国伦敦举办两次专家座谈会，将世界上富有经验的流行色研究、预测专家的智慧集中起来，为大型国际纺织公司的要员或从事专业咨询的专业人员提供更立体的、全方位的色彩应用服务，并分别发布春夏季与秋冬季两系列色组，以色卡形式把未来季节的色彩流行趋势提前预告出来。ICA预测的持续性、稳定性和准确性充分得到了国际认可，已被越来越多的专业人士采用。

　　ICA除了为纺织工业提供色卡外，也为皮革工业、家居家纺、室内装修等行业提供专业色卡。

　　（3）欧洲色彩学会。欧洲色彩学会（ECI）是一个以专家小组形式组成的机构，在几家出版社的倡议下于1996年6月在德国汉堡成立。该机构致力于在数字出版系统中独立处理色彩数据，更新了许多与技术性相关的色彩准则，如升级了CMYK版本"eciCMYK v2"，与前身相比有了增强版的灰度轴并扩展了交换色彩空间的应用领域；此外，也会推出一些媒体色彩印刷标准——数据、校样和生产印刷技术指南，新的媒体标准印刷解释了色彩设计技术变化的细节，例如以新的颜色测量条件和颜色偏差公式作为打样评估。

　　（4）美国色彩协会。美国色彩协会（Color Association of the Unites States，英文

缩写为 CAUS）致力于向市场提供独立色彩趋势预测及色彩咨询服务，成立于 1915 年，是目前全球范围内最早开设的跨行业权威性色彩机构，其色彩预测及营销方面的专家多为全美及国际上相关专业知名教授、学者，会员也是来自全美及国际上知名公司及机构，拥有五个专业委员会：男装色彩专业委员会、女装色彩专业委员会、青少年色彩专业委员会、室内和环境色彩专业委员会、美容色彩专业委员会。除室内和环境色彩专业委员会每年于 9/10 月进行一次色彩报告外，其他四组专业委员会均每年进行春夏季（S/S）、秋冬季（F/W）两次色彩报告。

CAUS 在确定行业颜色趋势方面发挥着重要作用，以其制作发行的纺织品色板样本而闻名，早于销售季 20 个月左右为其会员提供预测颜色的公式，使市场的不同部门能够通过该公式预测即将发布的产品和使用的市场营销方式，以此协调自己的产品。

（5）中国流行色协会。受中国社会经济发展水平、国际话语权提高的影响，近年来与色彩相关的产业、设计、产学研工作也呈现出良好的发展态势。在中国，流行色的发布和解读大多依靠国际时尚界发布的流行色，国际四大时装周、EXPOFIL 国际纱线展和 PV 欧洲面料展等展会是流行趋势发布的主要场所。

中国流行色协会（CFCA）创立于 1982 年，原名丝绸流行色协会，作为中国色彩事业建设的领导力量和时尚前沿指导机构，在 1983 年便加入国际流行色委员会，至今已与法国色彩委员会、意大利色彩委员会、美国色彩营销集团、日本时尚协会、韩国色彩学会等多家国际权威机构进行持久、稳定的合作。中国流行色协会是一个交叉性资源较多的平台，协会总部设在上海，拥有众多基地企业并与流行色协会建立了战略合作伙伴关系，协会为企业从色彩选择、检测和技术开发，到与下游企业的对接等方面提供全方位的服务。

中国许多产业，如服饰、家电、家装、汽车等行业，对于色彩的使用相较西方国家而言过于保守。中国流行色协会通过主办年度中国色彩学会年会、"色彩中国"以及"中国时尚创意论坛"等有影响力的综合性专业活动，助推中国色彩科学及产业能够与国际接轨，加强与国际有关组织的联系与交流。中国色彩艺术委员会（China Color Art Committee，英文缩写 CCAC）也隶属于中国流行色协会。色彩教育与培养体系建设也是它的一项重要工作，例如色彩检测、色彩设计应用及对色彩供应链管理专业人员的培训。

中国流行色协会的色彩创新中心在与国际前沿的色彩技术专业机构进行合作，开发生产适应国内市场现状的色彩测试设备及色彩应用软件的同时，还建立并推广了 CNCSCOLOR 中国应用色彩体系，这等同于国内自主研发与生产的色彩应用工具。在这项色彩体系的时尚色卡基础上再拓展出工业应用标准色卡及汽车应用标准色彩等多范围专业色卡，以此总结出相关色彩数据库为相关行业提供色彩趋势或以色彩趋势为导向的色彩设计咨询服务，同时也可为企业或个人用户提供定制的色彩标样，提供相关工艺和色彩配方在技术、管理上的支持。

中国流行色协会的主要业务包括：

① 开展国内外市场色彩调研，预测和发布色彩流行趋势；

② 代表中国参加国际流行色委员会专家会议，提交中国色彩预测提案；

③ 进行色彩咨询服务，承担有关色彩项目委托、成果鉴定和技术职称评定等；

④ 开展色彩学术交流、教育和培训等工作，普及流行色知识，向社会推荐流行色应用的优秀企业和个人；

⑤ 开展中国应用色彩标准的研制、应用和推广；

⑥ 编辑出版流行色期刊和流行色应用工具及资料；

⑦ 开展国际交流活动，发展同国际色彩团体和机构的友好往来；

⑧ 开展色彩在各行业的科学应用，举办色彩相关展览。

根据中国流行色协会第六次代表大会决议，中国流行色协会秘书处自2002年1月1日起从上海迁至北京，依托中国纺织信息中心/国家纺织产品开发中心开展工作。

中国流行色协会除了研究色彩的演变规律，发布色彩的流行预报，分析产品的流行趋势这些主要任务外，它作为中国的色彩权威机构，能够通过梳理中国传统元素中的色彩文化，帮助中国企业形成自己的设计风格，设计生产出符合国内消费者情感需求的产品。

（6）潘通。潘通又可译为彩通，一般指潘通（PANTONE）公司，是一家专门开发和研究色彩而闻名全球的权威机构，较前面提及的几个色彩预测机构、组织来说更接近商业与市场。该公司最初开发了一种具有创新性的色彩系统，可以进行色彩间的识别和技术交流，从而解决制图行业中精确色彩配比的相关问题。直至今日这套配色系统已经延伸到色彩占有重要地位的各行各业，如数码技术、纺织、建筑和室内装饰等。

除了潘通色卡、配色系统外，潘通还有一种名为流行色色彩展望（PANTONE VIEW Color Planner）的预测工具，根据时装色彩趋势而设置更新，每年两次提前24个月提供季节性色彩导向和灵感版。其色彩预测团队通常会选择一种颜色来表达在发现颜色灵感过程中正在发生的全球时代精神，在全球各个领域寻找未来的设计色彩灵感，观察哪种颜色可以呈现上升趋势，分析颜色的情感成分和颜色的含义，以期在男装、女装、休闲装、运动装以及服饰行业设计等方面得到广泛应用。

潘通公司关于2020~2022年的流行色预测见图5-30~图5-36。

图5-30　潘通2022年度色：
长春花蓝17-3938 VERY PERI

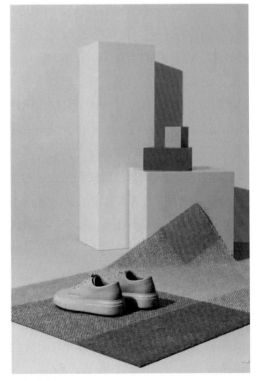

图 5-31　潘通 2022 年度色灵感版

Pantone 2021
Colour Trends
spring/summer

PANTONE®
13-0647 TCX
Illuminating

RGB 245 223 77
HEX #F5DF4D

PANTONE®
14-2311 TCX
Prism Pink

RGB 240 161 191
HEX #F0A1BF

PANTONE®
15-3817 TCX
Lavender

RGB 175 164 206
HEX #AFA4CE

PANTONE®
19-4151 TCX
Skydiver

RGB 0 88 155
HEX #00589B

PANTONE®
16-4728 TCX
Peacock Blue

RGB 0 160 176
HEX #00A0B0

PANTONE®
20-0087 TPM
Lead Crystal

TM

RGB 194 191 181
HEX #C2BFB5

图 5-32　潘通 2021 年度流行趋势色卡

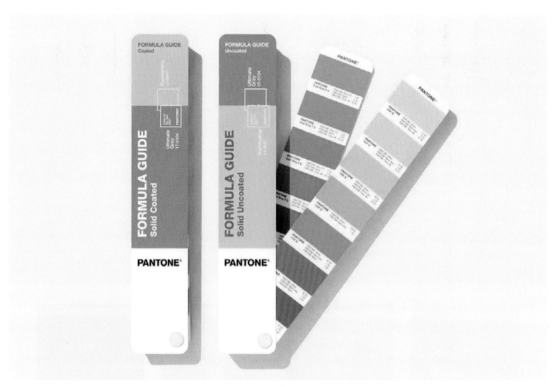

图 5-33　潘通 2021 年度色：亮丽黄 13-0647 极致灰 17-5104

图 5-34　潘通 2021 年度色灵感版

图 5-35　潘通 2020 年度色：经典蓝 19-4052

图 5-36　潘通 2020 年度色灵感版

2022 年度流行色长春花蓝在往年服饰设计中的应用如图 5-37 所示。

图 5-37 2022 年度流行色长春花蓝在往年服饰设计中的应用

2021 年度流行色亮丽黄、极致灰在往年服饰设计中的应用如图 5-38 所示。

图 5-38　2021 年度流行色亮丽黄、极致灰在往年服饰设计中的应用

潘通公司除了会发布每年度的流行色彩外，也会对季度的流行色彩进行总结，以下是潘通 2020 春夏季度的服饰色彩展示（图 5-39、图 5-40）。

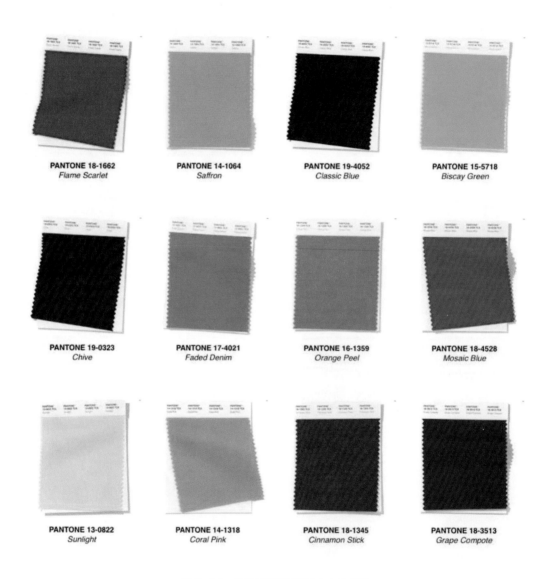

图 5-39　潘通 2020 春夏十大流行色

（a）藏红花黄

（b）火焰猩红

（c）经典蓝

（d）比斯开绿

图 5-40

（e）韭菜葱绿　　　　　　　　　　　　　　　　（f）褪色单宁

（g）火焰橘　　　　　　　　　　　　　　　　　（h）马赛克蓝

（i）日光黄　　　　　　　　　　　（j）珊瑚粉

图 5-40　潘通 2020 春夏十大流行色应用

2. 流行色的周期

在广泛流行之前的阶段，走在流行前沿的色彩被称为时髦的色彩，已经引起人们的重视和注意，接下来很快就被人们认可，成为受大众青睐的流行色。之后，在流行过后经服饰式样固定下来的就成为式样色彩。流行过的颜色再度流行起来的现象称为流行循环，流行循环具有一定周期性。

人们在自然界中捕捉到的色彩是有限的，而如果反复接受同样的色彩，人们就会感到单调和乏味，于是就希望追求一种新的色彩刺激，从而导致原有色彩逐步开始衰退，而新的色彩慢慢登场。研究结果表明，色彩的流行周期长短不等，从萌芽、成熟、高峰到退潮有的持续 3~4 年，原有色彩和新色彩可能交替出现。流行色的传播由时尚发达地区传向落后的地区。在流行色的流行期间，高峰期为 1~2 年，这是真正的产品黄金旺季。

在某一色彩流行时，总有几种色彩处于雏形期，另外几种色彩步入衰退期，如此周而复始地运转。日本流行色研究协会研究得出，蓝色与红色常常同时相伴出现。蓝色的补色是橙色，红色的补色是绿色，所以当蓝色和红色广泛流行时，橙色和绿色就退出流行舞台。由此可见，蓝色和红色是一个波度，橙色和绿色也是一个波度，和起来恰好是一个周期，一个周期大约是蓝色、红色三年，橙色、绿色三年，中间过渡色一年。这种七年周期理论首先是由美国色彩学家海巴比伦提出，此后日本流行色协会常务理事长太作陶夫等专家对此做了证实，每一年度官方都会发布本季流行色供时尚界人士参考。

3. 流行色的发布及应用

每一年度的流行色都是根据流行趋势的色彩版进行归纳组合，按往年流行色的发布，通常可将其归类为以下几种形式。

（1）基础色组。基础色组即符合大众审美的色组，会包含一些常用色，如无彩色系的黑、白、灰等基础色，也会包含部分流行色，如一些日常较少使用到的彩色系。

（2）主题色组。主题色组一般与当下社会热点话题及流行趋势相关，其中的色彩往往是能在世界范围内引起共鸣，通常人们希望通过这些颜色的力量来传达积极、关怀和人文精神。组成的色组不一定是时髦和高级的，但必须能够贯穿整个设计领域，站在消费者的立场上，并表现出人文关怀的态度。往年出现过的主题色组包括"环保""宇宙""复古"等主题形式。

（3）前卫色组。许多企业将对设计研发人员进行色彩培训作为重要诉求，如何将色彩理论最便捷地运用到产品设计中是在品牌化发展道路上形成推动力与市场竞争力的关键所在。流行色发布后，能够帮助这些行业的生产者挖掘产品的色彩附加值，利用具有协调性、系统性、统一性的色彩体系，能快速地带来品牌效益，同时能够有效减少颜色调配带来的经济成本和环境污染问题。

流行色可应用的范围包括：品牌色彩营销战略开发和引进；相关产品或产品组合色彩策略的开发；比较市场色彩策略后进行调整和优化。结合社会经济、市场消费情况等进行综合分析研究，掌握未来色彩的流行趋势，然后进行色彩的搭配与选择，以帮助设计师和生产商走进市场，增加市场竞争力。

色彩和款式的流行对生产者（包括服装设计师、色彩专家）而言，在于以灵感、直觉去创新与引导；对消费者而言，对流行色彩与流行款式的接受在很大程度上取决于模仿，正是在相互模仿、反复影响之下，流行色、流行款式很快地被推开，给人一种时代感和新潮感。

二、流行美与目标对象

服饰流行是在服饰信息传达与交流之中产生的，服饰流行研究是一门实用性很强的应用科学，它研究流行的特点和流行的条件、流行的过程、流行的周期性规律等，探讨人类着装文化中的重要精神内容，包括与其相适应的主观因素和客观条件的相互关系问题。主观因素指的是服饰色彩的选用要根据服饰目标对象的要求进行选择。

流行美在不同目标群体中的反应程度不同，服饰的色彩搭配与目标对象的年龄有所关联，因此，不同年龄阶段的消费对象对于流行美的定义及要求也不一样。如年轻人属于对流行美需求较强的一类群体，多选用高纯度、高明度的流行配色；中年人对于流行的要求较年轻人而言偏低，配色多简洁、素净，会选择较为柔和的流行色彩；老年人则较少追随潮流，服饰选择较为稳定，较少选择流行色彩。

三、流行美与面料

服装色彩的呈现依赖于面料这一媒介。在服装色彩设计中，色彩与面料紧密相连，不同的面料有其各自的肌理特征，面料的材质会影响色彩的选择。流行色作为一段时间内最有价值的颜色，也需要以面料为载体进行展示。因此在使用流行色时，我们应该首先分析所选面料的质地和肌理形态，然后选择匹配的流行色。只有流行的颜色和不同质地的面料完美结合，才能最大限度地提高服装的知名度，吸引更多的消费者，实现服饰的商业价值。

图 5-41　面料在服饰色彩设计中的应用

1. 流行色的应用应考虑服装面料的肌理

设计师在设计女装时，首先要把握不同面料的肌理特征并根据其特点选择合适的流行色，突出面料的效果，从而更好地展现该服装的气质（图 5-41）。

2. 流行色的使用应考虑服装面料的材质

服装面料的材质不同，对光的吸收和反射强度也会不同，这就导致同一颜色在不同材质中的表现，主要体现在颜色的纯度和明度略有不同。比如表面光滑且反光的面料明度较其他面料看起来更高；表面粗糙的面料的亮度比实际亮度略暗（图 5-42）。同时，由于颜色亮度的变化，颜色的纯度也会发生变化。因此，在使用面料时应考虑对其颜色的影响。

图 5-42　同一色彩在不同面料下的效果表现

3. 流行色的应用应考虑服装面料的价值

面料的价值对流行色彩的选择有一定的影响。通常高档面料，如皮毛一体、皮革、绸缎等，由于面料价值高，生产服装的成本相对较高，人们更换这类面料的服饰的频率较低。因此，此类面料不应选择流行色作为主色。相反，相对便宜的面料，如棉织物和化纤织物，其面料成本低，价格相对便宜，人们购买频繁，适合选择较流行的颜色。

四、流行美与服装配饰

广义上的服饰是人们穿着的服装及佩戴的服饰配件的总称，服饰配件主要包含鞋、袜、箱包、领带、珠宝、眼镜、发饰等；狭义上的服饰往往单指服装配饰。服装配饰的作用在于增强服装整体的搭配效果，一般而言会对服装整体色彩起强调、弱化或是过渡作用。多数服装配饰相对于服装来说在空间上处于叠加状态或保持一定距离，如毛衣链、挎包。

在女装的整体造型中，服装配饰的造型在服装整体造型中发挥着辅助的作用。同样，服装配饰的色彩在服装的整体色彩中也起着辅助性的作用。服装配饰色彩以服装色彩为依托进行设计，配饰色彩设计不可能脱离服装色彩而独立存在。合理地运用服装配饰色彩，可以更好地点缀服装色彩，使服装的整体色彩更加丰富和完美。

在服装配饰色彩的设计中，流行色彩受设计师欢迎的程度与日俱增，在众多色彩中脱颖而出。流行色彩的运用在为配饰带来潮流感的同时，也是服装色彩时尚性的点睛之笔。尤其是一些相对传统款式的服装，虽然在服装色彩上无法追随流行，但通过在服装配饰上运用流行色彩，使服装在保持传统性的同时又具有了鲜明的时代潮流感（图5-43）。

图5-43　秀场上的时装眼镜

流行色在服装配饰中的应用不能盲目跟风，不能不考虑配饰颜色与配饰风格、材质、服装颜色以及服装目标消费者年龄的相关性。应根据不同情况合理选择流行颜色。

1.服装配饰的颜色、款式、材质

在设计服装配饰的颜色时，首先要考虑配饰的款式，使配饰的颜色与配饰的风格一致。例如，浪漫的配饰应该选择纯度相对较低、亮度较高的颜色。流行的颜色可以适当使用，但它们应该注意选择与配饰风格相匹配的流行颜色；对于前卫风格的配饰，选择的颜色是夸张的，可以使用更流行的颜色；民族风格的配饰主要是民族色彩，宜选择不太流行的色彩。其次，我们应该考虑配饰的材料。对于昂贵的配饰，应该尽量选择流行时间短的、不太流行的颜色；低廉材料的配饰可以使用更流行的颜色。

2.服装配饰色彩和服装色彩

服装配饰色彩以服装色彩为设计起点，两种色彩在视觉上应保持和谐。配色有三种主要形式。

（1）服装配饰颜色与服装颜色一致，如图5-44所示。

（2）服装配饰颜色与服装颜色相似，保持视觉平衡。例如，简单典雅、色彩淡雅的服装搭配低纯度、高亮度的配饰，形成整体柔和的风格（图5-45）。

（3）服装配饰颜色与服装颜色成对比关系。例如，服装颜色整体色调的明度和纯度较低，服装配饰颜色可选择纯度较高且与服装颜色相对的颜色，打破服装颜色的单调性。在服装配饰中使用流行色时，应注意根据不同的配色形式选择与服装颜色相协调的流行色（图5-46）。

图 5-44　*VOGUE* 杂志封面1

图 5-45　*VOGUE* 杂志封面2

图 5-46　对比关系在服装配饰与
服装色彩上的应用

第六章
服饰色彩的系列设计

系列服饰设计指在同一设计主题下，运用相互关联的元素设计成组、成套的服饰系列，同一系列、多套的服饰比单套服饰更能表达出完整的主题内容，并营造出有强大感染力的视觉效果。在系列服饰设计中，色彩仍是系列设计整体构成的关键要素。

系列服饰设计中色彩的灵感有哪些呢？它既可以是抽象的概念，又可以是具象的要素，也可直接以色系原理作为灵感进行设计。服饰色彩的系列设计是一个系统工程，在构思时要充分考虑季节、消费者、穿着环境等因素，在款式、面料、结构、配件等方面进行系列色彩设计，所设定色彩既有系列感，体现你中有我、我中有你的相互之间的协调关系，同时也需其他色彩的加入，使整体上有相应的色彩变化。

第一节　从抽象概念色彩出发的系列设计

一般而言，服饰的整体设计有具体的目标和要求，设计概念则在其中起着指导思想的作用。设计概念有抽象和具象之分，设计概念虽然不在服饰设计的三要素中，却无时无刻不在指引色彩、造型、面料三者的协调统一（图6-1）。

一、抽象概念色彩的界定

抽象概念是具体概念的对称，抽象概念一般指的是一类事物，而不是某一个事物。例如"战争""宇宙""善良""正确"等，简单来说就是多个物质与物质的联系。在服饰设计中，抽象概念是设计师创作的灵感来源，是一个品牌的文化，是一个季节的产品主题，是在整个创作过程实现设想好的蓝图，即创作、设计前所拥有的特定要求和贯穿始终的宗旨。

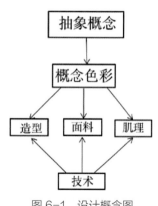

图6-1　设计概念图

抽象概念色彩是指从抽象概念中提取的色彩灵感，例如从"黑洞"的抽象概念中获得的黑色、虚无、缥缈的色彩灵感，从抽象概念出发获得色彩灵感的方法为色彩创意设计法。从抽象概念色彩出发的系列设计在设计过程中，首先要搞清楚作品的"源头"是什么，确定一个概念，或是客观存在，或是主观加工，通过设计者对概念的客观规律和主观感受获取色彩灵感并提取色彩，同时通过造型、面料和技术层面的要素来协调并围绕这个概念进行完善。在这一设计过程中，它规范了设计师的创作过程和思路；对于观者来说，在抽象概念的叙事性引导下更利于理解服饰背后所蕴含的故事性。服饰系列设计的抽象概念有很多，一个抽象概念可衍生出不同的主题，不同的主题则可以提取出不同的色彩系列。如近几年热门的"国潮""环保""致敬青春"等概念，这些概念性的主题在设计师的构思下可以不断地展开、发展，如"国潮"概念服饰衍生出"醒狮""中国式守护者"系列，主题色彩有中国红、活力橙、极光绿等强对比色彩的碰撞。"致敬青春"概念服饰衍生出"那些年我们一起赶考的日子""时空隧道"系列等，主题色则是天空蓝、白色、浅绿等高明度的青春色彩。

抽象概念的展开其实就是一个思维发散的过程，这时我们需要一些天马行空的想法，例如以"留白"为概念的设计进行主题展开，可以将其衍生出"安逸的理念""中国画中的留白""文学作品""极简主义"等不同的子主题。不同的子主题对应不同的色彩感受，如"中国画中的留白"主题多会用黑白灰等无彩色系，表现出留白的主题，在图案上可能会运用一些书法笔触和水墨画的渲染，面料上选用轻薄飘逸、宽松廓形来表现中国画中洒脱随性的意境之美。而"留白"概念下的"染"主题则可能运用扎染技艺来表现留白，主题色彩是深蓝、浅蓝、白色的蓝靛染，也可能是明黄、绯红、肽白的草木染。不同的概念根据不同设计师的思路进行展开，朝着随机性和未知性的方向发展，这也是抽象概念色彩设计的魅力所在（图6-2）。

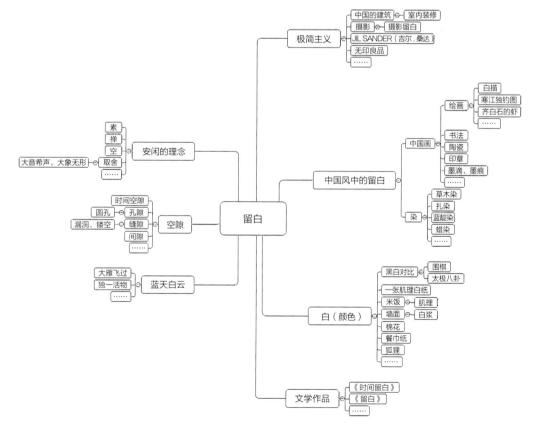

图6-2　以"留白"为概念的主题分析

作为服饰三要素之一，色彩是服饰设计概念表现的重要组成部分。因此，服饰色彩的系列设计要围绕服装的不同主题展开，选用与其相配的色彩套数、色调倾向、明度和纯度，同时确立色彩之间的相互关系，才能更好地把控系列服装色彩的设计。例如，楚和听香2019年的"观唐"系列，"唐"是一个很广泛的抽象概念，而"观"字则给了设计一个切入点，设计团队以唐朝的璀璨历史印记为设计灵感，寻找唐朝的历史遗迹、古墓壁画，从唐代女俑等历史遗迹中选取参考素材，对唐女俑的色彩、款式进行复原，整个系列分为大唐风华和新唐风两个版块，两个版块的色彩都提取了唐代壁画的色彩，运用植物染的手法，使色彩更接近唐代服饰的历史面貌，橙红碧绿，色彩饱和而绚丽，对唐朝服饰元素进行了精心提炼与不断创新的主题设计，将唐朝的服饰艺术美学与当今服饰进行了新的时代演绎，唤起了我们记忆中的那个自信、大气、色彩缤纷的年代（图6-3、图6-4）。

图6-3　以"观唐"为概念的系列服饰设计（楚和听香2019春夏）

图 6-4 以"观唐"为概念的系列服饰设计（楚和听香 2019 春夏）

从抽象概念提取色彩灵感的过程，可以理解为从面到点的过程，设计师通过收集不同的素材来为不同概念的形式和内涵做支撑，通过不同色彩搭配、廓形结构、细节工艺、饰品配件等服装构成形式来完美体现。从抽象概念色彩出发的系列设计更注重整体的故事性，善于跟受众讲故事，是设计师在服饰上的情绪化表达。

二、系列色彩设计的构思与实施

从抽象概念色彩出发的设计，可以帮助设计师缩小设计范围，明确设计方向，避免设计思路的混乱无序。我们对某一概念进行系列设计时，首先要对这一概念进行确定、细化，再进行分析、构思，这一过程相当于设计前的蓝图，是对后续实施工作的有力保障，也是系列设计紧扣主题的核心步骤。

一个概念的实现还需许多具体的工作来完成，从抽象概念色彩出发的系列设计构思与实施可以大致分为以下几个步骤。

首先，寻找抽象概念关键词。灵感的寻找需要设计师前期搜集和积累素材，例如某一历史事件、某种观点抽象概念等。

其次，从抽象概念中寻找色彩范围。例如战争概念系列的主题色彩可以联想到红色、血液、灰烬、军装绿色、褐色、金色的勋章等；派对狂欢概念系列的主题色彩多为高饱和度的、戏剧化的色彩，如光泽感的紫色、红色，魅惑的黑色蕾丝，并以夸张的造型进行表现；未来主义主题的色彩多用黑白色、金属色与简约流畅的造型结合。

再次，色彩范围的确定。有了色彩灵感后，设计师要对这些色彩进行主观的调整与确定。色彩方案的确定不是一蹴而就，而是需要多次的配比和调整。比如同样是红色，可以有不同色调、不同明度的红，对于色彩的调整需要遵循形式美的法则，并且设计师的经验积累和主观感受也很重要。

最后，对系列色彩进行搭配协调。系列服饰设计的色彩除了要单套配色协调，还要有一个整体观，从整体上把控系列服饰设计的色彩形式美，即服装色彩的布局与经营，进行色彩组织中的色彩位置、空间、比例、节奏、呼应、秩序等相互之间关系的设计，利用它们之间的相互关系所形成的美的配色，必须依靠形式美的基本规律和法则，使多样变化的色彩构成统一和谐的色彩整体。

在以"爱情"为概念色彩的系列设计中，我们对它的色彩印象为粉色、鹅黄、淡绿等，在以"自然"为概念的设计中，不同程度的绿色和棕色则会成为我们首先想到的色彩印象。在这一类概念的系列设计中要注意浅色系与其他色彩的过渡，避免整体色彩出现过粉、过浅的轻浮感。当然每个个体对同一个概念的理解并不一致，这跟个体所处的环境、接受的事物不同有关，在不同的系列设计中，也需要一些打破常规的模式和方法，所以不同设计师对同一抽象概念色彩进行设计时，才会出现各种富有创造性的艺术效果，才会涌现出丰富多样的设计作品。

除此之外，概念色彩的把控还需要其他多方面因素的共同塑造。例如，"环保"概念色彩的系列设计，主题色彩是选择通用环保色绿色？还是从对北极熊保护呼吁的角度选择白色？还要选择什么色与白色的主题色搭配？是女装还是男装？是便装还是舞台服装？是春夏服装，还是秋冬服装？原有的服装材料是否需要加工？如何与当下的流行结合……这些围绕概念的种种问题和要求，是构思阶段必须要考虑的条件和因素，也是服装的形、色、面料、工艺等具体化的可靠依据。

下面以具体案例对抽象概念色彩的确定和实施进行讲解。这一过程相当于设计师将一个抽象的概念进行实施化和落地化的分析，如果说概念的构思是形而上的层面，那么对概念的分析和实施就是形而下的、具体层面的东西。

下面以2020年中国大学生广告节金奖作品为例，对从整体到局部的方法进行案例讲解。作品名为*Born in future*，该系列以未来科幻主义概念为灵感，此系列男装设计表达了对未来世界的畅想。*Born in future*系列在细化主题方面，设计师将科幻这一抽象概念细化为一部电影《黑客帝国》，在风格定位和色彩基调方面，利用电影中的黑色元素、荧光显示屏、金属质感大致塑造出了系列的科技未来风格。有了基本的风格定位，设计师需要加入一些其他的元素，进一步加入更多自身风格的元素，同时也是一个联想和碰撞的过程。设计师引入5G概念，人们将以前所未有的智能方式进行信息的传输和沟通，科技与生活将建立紧密的情感联系，高饱和度的芯片绿等荧光色成为信息时代的代表色系。因此，整个系列以黑色为基调，辅以高饱和度的芯片绿、荧光紫，以及渐变元素和金属色彩的运用，强烈的未来感演绎出赛博朋克科幻风（图6-5~图6-9）。

针织元素

将亮丽的色彩作为装饰点缀于局部单品之上，
在适合呈现消费者肤色的同时，
将外在表达和内在魅力展现得淋漓尽致，
款式上结合轻运动风和休闲西装两种风格，
保持功能性的同时增加个性，
迎合当下年轻人的生活方式。

采用工装面料、针织布料、卫衣面料，保证舒适性，
局部采用发光条、绗缝、抽绳、拉链、印花等细节装饰，
增加趣味性。

拉链分割

工装元素

休闲西装

图6-5 *Born in future* 系列设计灵感版1（设计师：景阳蓝）

灵感来源于1999年上映的科幻电影《黑客帝国》，
此系列男装设计表达了对未来世界的畅想，
随着5G的推出，
人们将以前所未有的智能方式进行信息的传输和沟通，
科技与生活将建立紧密的情感联系，
数字时代是2021年的关键词，
高饱和度的芯片绿是这个时代的代表色系，
强烈未来感演绎出赛博朋克科幻风。

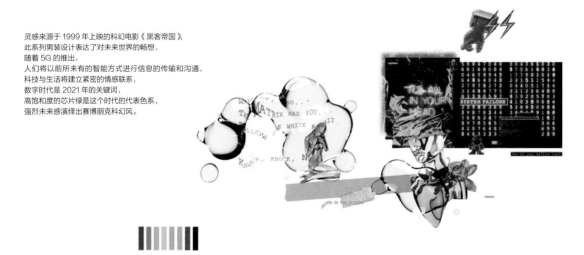

图6-6 *Born in future* 系列设计灵感版2（设计师：景阳蓝）

图 6-7　*Born in future* 系列效果图（设计师：景阳蓝）

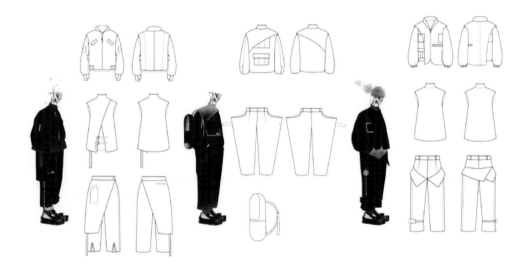

图 6-8　*Born in future* 系列款式图 1（设计师：景阳蓝）

图6-9 *Born in future* 系列款式图2（设计师：景阳蓝）

在廓形方面以宽松的H型为主，具有包容、功能性、后现代主义风格，图案上提取了机械形状的手和头等部位以及荧光代码等元素，面料上采用工装面料、针织面料、卫衣面料，保证舒适性，局部采用发光条、绗缝、抽绳、拉链、印花等细节装饰，增加趣味性。整个系列将亮丽的色彩作为装饰点缀于局部单品之上，在适合呈现消费者肤色的同时，将外在表达和内在魅力展现得淋漓尽致。款式上结合轻运动风和休闲西装两种风格，保持功能性的同时增加个性，以迎合当下年轻人的生活方式。

一个系列的实施，并不是循序渐进的过程，在确定了基本主题和风格后，在色彩、廓形、面料元素等方面都需要设计师不断地尝试和试错，任何设计都是一个临摹—借鉴—原创的过程。最后，只有当作品在款型各个部位的协调处理上、色彩整体的协调上、面料和工艺的选择加工上都与概念相符合时，设计才算圆满完成。

三、系列色彩设计案例解析

在系列服饰设计中，色彩作为激发灵感的主要因素之一，色彩灵感的价值在于配色的新颖和配色的格调。日本设计师高田贤三的设计作品一向以用色浓重大胆著称，他是一个"可视化"的设计大师，在颜色上的重视，胜于一切，并认为"每一种色彩都拥有其独特的味道"。

在高田贤三2021秋冬系列中，将"致敬高田贤三的情感"这一概念贯穿于设计中，现任创意总监Felipe从高田贤三1978～1985年的时装大秀中汲取灵感，通过拼贴、绘制、解构、延展等方式创作出全新的结构线条，从色彩出发，用大胆的高饱和度色彩结合高田贤三喜爱的自然题材的图案。全场的展示作品均采用高饱和度的活力橙、荧光绿、玫红色、宝蓝色等，风景、绣球花、鸟、链条、玫瑰、条纹、三色堇、郁金香和鸡尾酒杯……所有元素混合在一起，呈现了一场想象中的色彩盛宴。这次致敬系列似乎把我们拉回二十世纪八九十年代，设计师用色彩的狂欢来缅怀高田贤三先生，诠释了高田贤三所经历的绚烂世界。

设计团队在被困于疫情的状态下开发出这一系列设计，以模特们穿着华丽的服饰奔跑、跳舞、庆祝的形式来表达对美好生活的向往，对自由的渴求。同时，也象征着高田贤三先生永远与我们同行（图 6-10）。

图 6-10　从抽象概念色彩出发的系列设计（高田贤三 2021 秋冬系列）

　　第四届中国国际时装周创新作品大赛的银奖作品 *FLIGHT IMPRESSION*，其设计灵感源于一部叫 *Flyboys* 的电影，飞行系列的概念色彩选择了不会出错的蓝灰色系，主题色为蓝色、白色以及各种高级灰，与飞行员和天空的主题相呼应。同时选取了飞行员飞行时需要穿戴的服饰、护具、配饰，以及飞机的造型轮廓和飞行路线地图，设计师巧妙地将它们运用在服装中，也使整个系列具有时尚潮流感。

　　除了色彩的塑造，该系列还在复古老旧的服装上提取相关元素，如拉链、功能性口袋、包包、帽子、飞行员眼镜，及飞机的造型和图案等元素。这些元素的提取，对后期的改造和色彩的提取都有很大的帮助（图 6-11~图 6-14）。

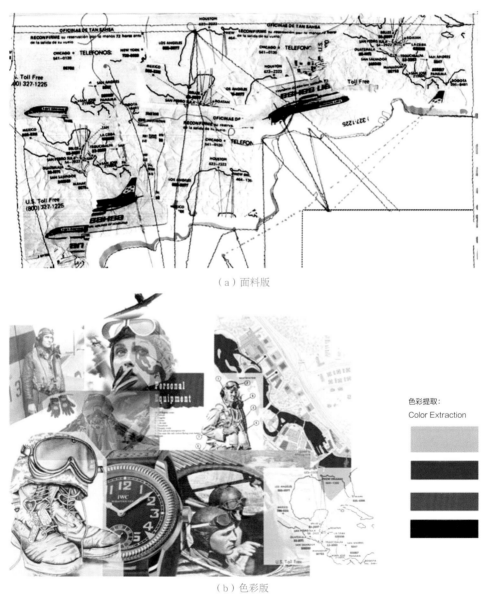

（a）面料版

（b）色彩版

图 6-11　*FLIGHT IMPRESSION* 系列灵感版 1（设计师：李国安）

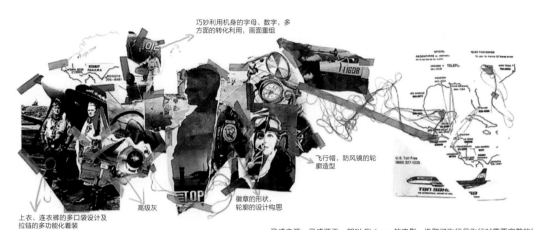

巧妙利用机身的字母、数字，多
方面的转化利用，画面重组

飞行帽，防风镜的轮
廓造型

徽章的形状，
轮廓的设计构思

高级灰

上衣、连衣裤的多口袋设计及
拉链的多功能化着装

灵感来源：灵感源于一部叫 *Flyboys* 的电影，选取了飞行员飞行时需要穿戴的服
饰、护具、配饰，以及飞机的造型轮廓及飞行路线地图，巧妙地将它们运用在服
装中。

（a）灵感版

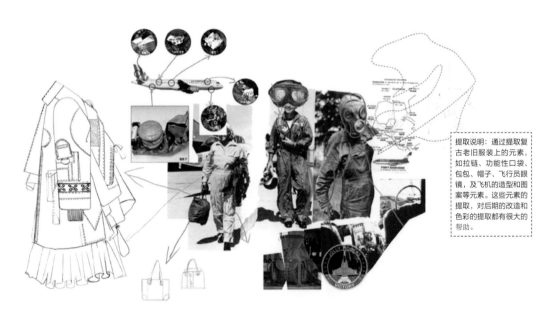

提取说明：通过提取复
古老旧服装上的元素，
如拉链、功能性口袋、
包包、帽子、飞行员眼
镜，及飞机的造型和图
案等元素。这些元素的
提取，对后期的改造和
色彩的提取都有很大的
帮助。

（b）元素提取版

图6-12　*FLIGHT IMPRESSION* 系列灵感版2（设计师：李国安）

图 6-13　*FLIGHT IMPRESSION* 系列效果图（设计师：李国安）

图 6-14

图 6-14 *FLIGHT IMPRESSION* 系列成衣（设计师：李国安）

第二节　从具象要素色彩出发的系列设计

如果说从抽象概念色彩出发的设计属于从大到小的构思设计方法的话，那么这部分内容正好与此相反，属于从小到大的构思设计方法。此方法不像第一种有一个宏观的色彩范围，事先对最后的结果有一个整体的设想。从具象要素色彩出发的设计，要把某一色彩要素作为设计源点，运用发散思维，把控灵感色彩要素与其他新要素之间的关系，树立整体观念，主次观念，从多个环节考虑如何发散为一个协调的系列设计。

一、具象要素色彩的界定

具象要素指有实象存在的物体，与抽象相对。具象要素具备可识别性，如云、闪电、海洋、树木、动物花草、各类照片、雕塑、图案、标志建筑等。具象要素色彩指在系列设计中的色彩要素可以是一块好看的格子面料、一幅艺术家的插画、一个主观色调、一件别致的首饰等。

假如面料的色彩是乳白色，那么设想一下服装最后的效果，是柔和的高短调，是强烈的高长调，还是不强不弱的高中调，不同的明度调子决定用以搭配的色彩的深浅。乳白色略偏暖色，要想获得高短调的效果，可与浅黄、浅驼、浅茶等色彩组合；乳白色与中明度的土黄、驼色、豆沙、橄榄绿等相配可得到高中调效果；若要反差大的高长调，就要与低明度的咖啡色、棕色、藏蓝等色彩相相配。如果摆在你面前的是花色料子，其搭配色可直接从花色中提取，一个色或两个色都可以。另外，还可根据花色色组的基本调子倾向选择搭配色。

从具象要素色彩出发的系列设计，相当于从一个微观世界出发，以小见大，采用发散的方式确定一个要素并以其为基础，寻找所有相关的事物进行筛选和整理，以此确定可被选取的部分进行设计。当一个新的要素设计出来后，设计思维不该就此停止，而是应该顺着原来的设计思路继续下去，把相关的要素尽可能多地开发出来，这样就不至于因为设计思维过早停止而使后面的造型夭折。这种设计方法适合大量而快速的设计，设计思路一旦打开，人的思维会变得非常活跃、快捷，脑海中会在短时间内闪现出无数种设计方案，设计师快速地捕捉住这些设计方案，从而衍生出一系列的相关设计，设计的熟练程度会迅速提高，应付大量的设计任务便易如反掌。

二、系列色彩设计的构思与实施

从具象要素色彩出发的系列设计，在确定色彩要素后，要将这一要素的意义和特征扩大化，形成从局部到整体的色彩观，使其他新加入的色彩要素与其相适应，逐渐扩展出全部以形成完整的配色方案。从具体要素出发的设计是牵一发而动全身的，就一块料子的色彩而言。首先要分析它的色性，是冷色系的色，还是暖色系的色；是红色调，还是橙色调；是蓝灰色，还是灰蓝色；是素色料，还是花色料等，这将对整体系列色彩的发展起着指导性和决定性的意义（图6-15）。

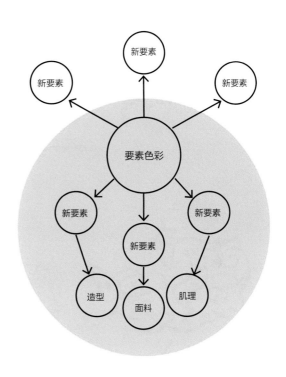

图6-15　设计概念图

从要素色彩出发的系列设计往往是被细节和微观的事物打动，将这些细节的要素归类，可以大致分为纹样色彩要素、面料色彩要素、配饰色彩要素、其他色彩要素四大类。

以纹样要素色彩进行构思的系列设计中，设计师常常将一些装饰元素、图案纹样融入服装设计中。如具有象征意义的金色、红色的龙凤图案、高饱和度的街头涂鸦、各具特色的少数民族的刺绣纹样等。不同的纹样色彩要素有其独特的配色方案，从装饰、纹样要素入手的设计，要考虑纹样的固有色彩，比如苗族的单线绣，本身爱用红色丝线，在系列设计中要考虑红色的元素与系列色彩的搭配融合。当然纹样要素的色彩也可以重新设计，以使其与服装的系列主题色彩协调搭配。除此之外，纹样的大小、摆放位置以及工艺手法等也会影响系列设计的整体效果（图6-16～图6-18）。

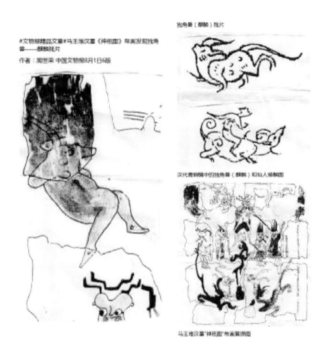

- 《神祇图》是马王堆汉墓中除了众所周知的T字形帛画和与气功有关的《导引图》外罕为人知的。

- 提取其中的鹿角神人、太一（即在楚人看来，最尊贵的神）、麒麟以及青龙黄龙等主要纹样，把它们进行趣味变形，呈现出一种新的状态。

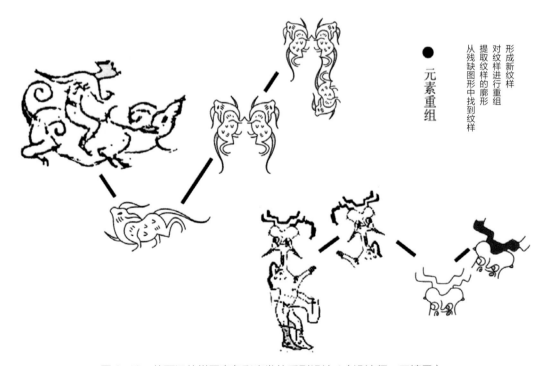

● 元素重组

从残缺图形中找到纹样
提取纹样的廓形
对纹样进行重组
形成新纹样

图 6-16　从西汉纹样要素色彩出发的系列设计 1（设计师：王婧雯）

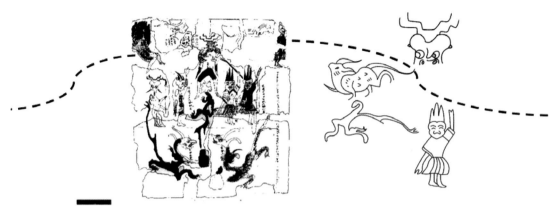

纹样来源:

从残缺纹样提取所需要的纹样,如动物纹样、人物纹样,
尽管纹样有所残缺但依旧能展现西汉文化的繁荣

图6-17 从西汉纹样要素色彩出发的系列设计2(设计师:王婧雯)

以面料要素色彩进行构思的系列设计中,一块好的面料往往能给设计师带来创作的激情,给观赏者带来消费的欲望。在很多服装企业里一般会定期开发面料或者存有一定的面料和小样,从面料色彩出发进行系列研发的方法具有直观性,利用现有的面料色彩去构思整个系列,能减少成本且能更好地把控其成衣效果。如一块朦胧的紫色流光纱面料,与

图6-18 从西汉纹样要素色彩出发的系列设计3(设计师:王婧雯)

粉色、白色等搭配设计,会营造出仙女梦幻风格的服饰;与黑色皮革、网纱搭配设计,则会塑造出冷酷、个性的暗黑风格。红色格子面料与牛仔面料和羽绒也能搭配出不一样的休闲混搭风格,以面料色彩要素进行构思的系列设计中没有固定的模板,从面料要素这一局部特征开始构思,经过不断的尝试和实验,逐步调节料子与之关联的其他造型、颜色等要素,使部分与部分、部分与整体之间达到相互呼应,从而构成一个完整的、有时甚至是意想不到的崭新的服装形象。

如共生系列是从面料色彩要素出发的休闲装系列设计,设计师从以小见大视角进行切入设计,选用蓝灰色的户外防风面料作为色彩主基调,并以白色反光面料作为辅色进行搭配,同时利用拼接工艺营造出明暗对比、错落有序的视觉效果,整体系列舒适沉稳又不失运动和跳跃(图6-19、图6-20)。

图 6-19　从面料出发的系列设计《共生》系列效果图

图 6-20　《共生》系列成衣

以配饰要素色彩进行构思的系列设计中，配饰作为服饰的一部分，其色彩在整体形象上可以起到点睛的作用，也能营造出特定的气氛，在内衣设计中，经常用到翅膀、链条、亮片、蕾丝等配饰，用来达到丰富视觉效果的作用，在设计暗色系的服装时，整体会有一种沉闷感，这时合理运用配饰色彩则可以达到"打破""跳脱"的目的，如围巾、帽子、金银首饰、鞋子等配饰给整体效果添加了几抹靓丽的色彩（图6-21）。

图6-21　从配饰要素色彩出发的系列设计（设计师：李晓宇）

以其他要素色彩进行构思的系列设计中，具象的要素不计其数。如在系列设计《太空旅人》——从"外太空"这一色彩要素出发，提取外太空不同灰度的色彩，将外太空神秘、遥远、荒凉的特性表现在服饰设计中，同时还将人类与外太空联想在一起，将太空面罩、功能背包、包裹特性等融入系列设计中。再如系列设计《曜》——以"星空"这一色彩要素出发，以人类在地球上看星空为视角，提取蔚蓝的夜空色彩作为系列主色调，继而联想到夜空的星座，同时用欧根纱、真丝缎面料表现缥缈、闪耀的特性，头饰以星座立体造型的形式表现，整个系列使设计元素多元和丰富化，呈现出优美灵动视觉效果（图6-22、图6-23）。

图6-22 从外太空色彩要素出发的系列设计（设计师：侯宇）

图6-23 从星空色彩要素出发的系列设计（设计师：曾诗雨）

服饰色彩系列设计与构思实际上是一个复杂的系统工程，它包括选择什么样的色彩素材，塑造什么样的色彩形象，表达什么样的色彩美和思想感情，同时也包括对使用功能、消费对象、材料选择、工艺制作要求等多方面的考虑。在具象色彩要素的确定与实施中，对于设计要素要从不同角度去看待，运用局部整体的放大、缩小、旋转、变形、加入、减少等手段，使得乏味和熟悉的要素变得新颖和独特，为后续的设计工作提供有效的素材，随着素材的不断深入，将使作品有着独特的个人风格。

三、系列色彩设计案例解析

具象色彩要素的系列设计以第六届紫金奖文化创意大赛铜奖《尔雅》为案例进行解析。该系列以中国古代文人画中自然野趣的花木题材为色彩要素，取材梅、竹、松等表现文人精神的植物。在色彩要素的处理上，将这些具象的色彩要素统一处理成蓝绿色调，以符合古代文人"青青子衿"的人物形象。

该系列色彩以中国传统五色——青色为主色系，选择青色系是因为它是中国传统服色中使用最多的颜色，也是最能代表古代中国普通人的色彩，同时蓝色具有理性、冷静的特性，也是现代人钟爱的服饰色彩（图6-24）。在该系列设计中以蓝、青、缥为主要基调，用印花、刺绣和渐变色

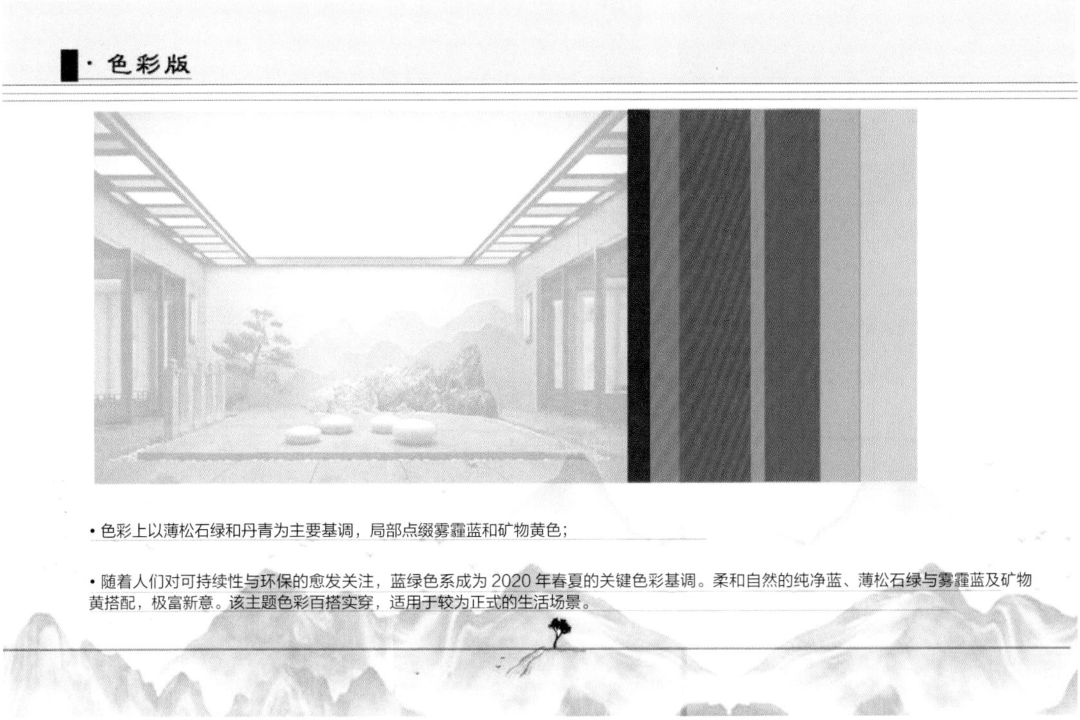

• 色彩上以薄松石绿和丹青为主要基调，局部点缀雾霾蓝和矿物黄色；

• 随着人们对可持续性与环保的愈发关注，蓝绿色系成为2020年春夏的关键色彩基调。柔和自然的纯净蓝、薄松石绿与雾霾蓝及矿物黄搭配，极富新意。该主题色彩百搭实穿，适用于较为正式的生活场景。

图6-24 《尔雅》系列色彩版

彩丰富画面，局部点缀金属色和流苏装饰。随着人们对可持续性与环保的愈发关注，蓝绿色系成为2020年春夏的关键色彩基调。柔和自然的纯净蓝、薄松石绿与雾霾蓝及矿物黄搭配，冷静治愈，富有新意。在外廓形设计上参考商务成衣系列，符合当下人们的着装方式，适合稍微正式一些的生活场景穿着，以合身、简洁的设计理念为主，在内轮廓的细节设计上对中国古代款型进行提炼，如男款领子部分的绗缝交领设计，女款的盘扣立领设计，西装枪驳领的交叠设计，将东方传统艺术神韵与西式立体裁剪相结合，设计出了符合现代着装方式又不失东方韵味的服饰（如图6-25、图6-26）。

图6-25　从具象图案元素出发的系列设计《尔雅》系列

图 6-26　从具象图案元素出发的系列设计

　　除了对服装的整体把控，配饰的搭配和妆发造型同样也十分重要，服饰本身就是人着装后的一个完整的状态，在配饰方面选择了折扇、油纸伞、竹节包等具有古风韵味的装饰物件，在模特妆容方面也借鉴了柳叶眉、晕染眼妆等复古妆容。

　　无论是抽象概念色彩设计还是具象要素色彩设计，都需要在设计之前收集和积累相关的设计素材。对于概念设计，因为有既定的设计方向，收集与之有关的素材资料更是不可或缺的，这是获得设计构思，诱发和启迪灵感的必要手段。对于从要素出发设计而言，最初的设计冲动可能来自不经意间的发现或者突然间的想法，然而真正进入设计创作阶段后，仍需要寻找大量有关的设计素材作为补充，才能设计出好作品。

　　应该说，以上两种方法无论是哪一种，其整体观念的树立都是极为重要的。第一种如果没有整体的设想，局部就无从下手。第二种如没有整体的观念，局部也无方向发展。俗语说："远看颜色近看花。"对于一套服装来讲，好的色彩气氛更容易给人留下深刻印象，尽管有的局部设计并不十分理想，但在这种大的色彩环境中也就不太引人注意了。

第三节 从色系原理出发的系列设计

色彩是营造服装整体视觉效果的主要因素，着装效果在很大程度上取决于色彩处理的优劣。设计师要想使服饰色彩达到预想的视觉效果，必须了解服饰色彩的基本特性和配置规律。把色系作为设计构思的出发点，它既是构成服饰的要素之一，又是服饰整体美的重要组成部分。在系列服饰设计中，运用色彩的力量，以同类色、邻近色、对比色、渐变色等色彩搭配手段设计的服饰，应看作是从色系出发的系列设计。

一、同类色系设计

同类色系设计是指在一组系列服装中，配色处于色相环中 15° 夹角内的颜色，每款设计元素部分或全部均采用同一种色彩，以此形成相互之间的联系，达到整体系列设计协调统一的目的。这种配色方法较为简便和实用，整体效果呈现很大的量感，但服装之间色彩过于一致容易显得乏味。同类色系设计要注意通过面料表现同一颜色的不同质感，在整体风格一致的前提下可考虑加强服装在造型、款式、结构、细节等某一部分的设计，突出其视觉效果，形成明显的差异。

在服饰设计中运用统一的白色来表现视觉的冲击感，同时选择杜邦纸、网纱、衬衫布等不同质感的白色面料，以及亮片、毛线、网纱等再造工艺来表现白色的变化与统一（图 6-27）。

图 6-27 同类色系设计（设计师：王胜伟）

二、邻近色系设计

邻近色系设计指在一组系列服装中，配色在色环上相距60°之内但又大于15°的颜色。在一组系列服装中，选用两至三种色彩配色，这类色彩在色相环上属邻近色关系，如红色和橘色，天蓝、湖蓝和藏青等。在具体运用中，主色调常用于外套，而拼接装饰部分、内衣、配件等可选近似色搭配，体现在整体协调基础上有一定的变化，富有活力（图6-28）。

图6-28　邻近色系设计

三、对比色系设计

对比色系设计指在一组系列服装中，配色在色相环中呈120°～180°对角的颜色。在一组系列服装中，对比色系设计就是选用两种色彩配色，这类色彩在色相环上属对比色关系，如绿色和橙色，天蓝、玫红和草绿等。在对比色系设计的具体运用中，通常会选择一个主色调来与其他辅色调进行对比，辅色用于小面积的装饰部分，且多会加入无彩色系来调节视觉效果，以免造成过强的视觉对比（图6-29）。

图6-29　对比色系设计

以色系原理作为设计要素要充分考虑设计定位和风格，如童装和运动服饰的色彩设计中最好选择鲜艳、明快、活泼的对比色系，用来营造纯粹、直观、活泼的视觉效果。潮流服饰的设计中对色彩的要求既要丰富多彩，又要明快而多变，追求时髦及流行色，在色彩选择上则可以选择多种色系结合的配色。不同的风格对色彩的要求也不同，如哥特风格多用黑灰色系、金属色系的色彩，而洛可可风格则多用粉色系、浅色系的色彩。在安踏"玩·创杯"童装设计大赛的金奖作品中，运用对比色系的色彩搭配，在主基调色彩为绿色的基础上，用小面积的橙色色块进行对比色搭配，辅以白色进行色彩中和，整个系列用色主次分明，使整体服饰有一种活泼、跳跃的视觉效果（图6-30、图6-31）。

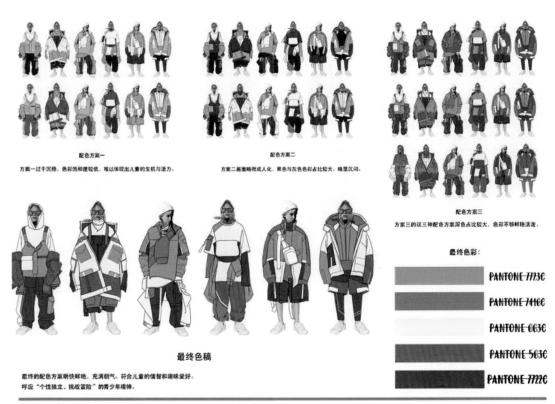

图 6-30　对比色系的色彩设计效果图1（设计师：林艺涵）

图 6-31　对比色系的色彩设计效果图2（设计师：林艺涵）

四、渐变色系设计

这是一种带有规律性的色彩设计。渐变色系的服装设计不拘泥于款式，把渐变当成一种元素进行设计，色彩的渐变效果具体包括明度渐变（如由深蓝至浅蓝）、纯度渐变（如由纯蓝至灰蓝）、色相的渐变（如红色至黄色的渐变）等。

在具体运用中，通常把渐变色彩这一元素运用在不同部位，注意节奏与韵律、变化与统一的形式美法则。如 A 款的上装、B 款的下装、C 款的整体运用。由于采用渐变色彩设计手法，系列服装款式宜相对简洁，意在突出渐变效果。

例如设计师金佳祺与紫晶花品牌联名发布的"无边·循环"主题秀，在光影交错的秀场上，作品中明暗色彩的对比与渐变元素的使用极具存在感，映射出科技化的纵深感以及无穷无尽的感觉（图 6-32）。从色彩要素出发的设计更具有视觉效果和整体可控性，作为设计师，必须研究并掌握这种因素，设计出适合不同消费类别、不同风格定位所需要的色彩，以满足不同消费者生理和心理等方面的需要。

图 6-32　渐变色彩设计（设计师：金佳祺 & 紫晶花品牌联名秀）

第七章
服饰色彩设计案例解析

不同的着装对象、不同的服饰风格对应着各自典型的服饰色彩，通过不同的色彩组合，传达出特定的色彩情怀。理性总结这些服饰色彩的特征，强化服饰的对象意识及风格意识，全方位解析服饰色彩设计案例，可以为设计师提供更为科学的服饰色彩搭配方案。

第一节　不同着装对象的服饰色彩设计案例

每个人作为一个独立个体，对于服饰风格也有自己独特的偏好，以传达不同的生活方式和审美追求。对于个体的人的美而言，它不仅体现出自然美，同时也是社会美与精神美的集合，服饰作为一种传达美的载体，其意义也在于此。作为服饰设计三大要素之一的色彩，其独特性首先就在于它是以人为直接客体的设计。

性别不同，色彩倾向也有所区别，男性与女性间由于存在生理差异，用色习惯也一直都存在着一定区别。色彩心理学方面的专家研究发现，男性的色彩偏好多为冷色调，用色顺序通常为青色、蓝色、青绿色、青紫色、紫红色、红色等，而女性色彩的偏好多为暖色调，用色顺序通常为紫红色、红色、青绿色、蓝色、青色等。综合来说，青色系与红色系可成为两性用色习惯的对比色代表。

就色彩本身而言并不存在什么特定的年龄上的界限，但不同年龄阶段的人群由于身心发育、生活经历不同，会带来相应的社会生活上的变化，对于色彩的喜好也有所差异，每个阶段的色彩偏好都有着该时期的特点。

本节将服饰配色分为男装、女装和童装这三个类别，针对不同的服饰类型进行服饰特点的分析，并分别列举几个知名品牌作为色彩设计案例，总结不同着装对象的服饰色彩设计方案，在归纳出基本特点的基础上挖掘出不同类别配色的多种可能性。

一、男装设计案例

男性在职场及生活要求方面偏成熟、稳重，在服饰上较多使用黑、白、灰等中间色调、无彩色调及一些冷色调，而用色较为单一，色相单调、明度和纯度较低，对比较弱，具体配色方案则根据着装场合而定。灰色、藏青色、橄榄绿色、棕色、黑色都适用于男性服饰（图7-1、图7-2）。

图 7-1　职场男性服饰色彩

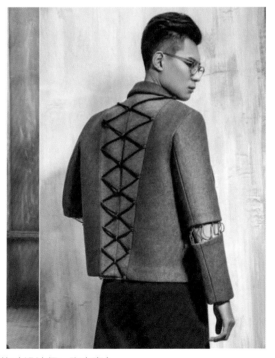

图 7-2　咖色系男性服饰（设计师：张家豪）

对于职场及一些正式场合而言，男性往往会选择穿一套纯色西装及同色系衬衫，色彩对比的使用主要体现在用于搭配的领带、礼帽、公文包，起到一定的点缀作用。下面从几个国际知名品牌的设计产品入手，分析男装色彩的特色与要点。

1.迪奥

20世纪50年代初期，迪奥（DIOR）凭借一款独具品位的领带设计开启男性着装新纪元，先后形成精致优雅、厚重沉稳、运动极简等多样风格，被称为"男装中的吸血鬼"。DIOR HOMME的品牌名称后被更名为DIOR MEN，迪奥男装保存了更多的实用价值，其中还展现出干练的奢华感。该品牌的2022年早秋成衣系列表现出了多样化的男装色彩的搭配可能性，不仅包含了男性服饰常用的无彩色色系搭配、咖色系搭配，同时也巧妙地将一些粉紫色系、黄绿色系元素加入服饰设计中（图7-3～图7-8）。

图7-3　无彩色色彩元素运用

图 7-4　咖色系色彩元素运用

图 7-5　紫色系色彩元素运用

图 7-6　粉色系色彩元素运用

图 7-7　绿色系色彩元素运用

图 7-8　蓝色系色彩元素运用

搭配西服时，一些腰带元素的加入或者是色彩撞击强烈的内搭，都会带来更多的潮流感。领子和衣身之间采用一些不同的颜色，可以让对比更加强烈，让其在撞色之中更添几分视觉冲击感（图 7-9）。

图 7-9　腰部明亮色彩的点缀作用

而在 2021 年春夏的男装成衣设计中，采用的配色较为清新，灰色调的粉色、蓝色运用在女装上显得高贵优雅，而出现在男装上也多了一些矜贵气质，体现出低调的奢华高级感（图 7-10）。

图 7-10 灰粉、灰蓝色调的运用

2. 路易·威登

路易·威登（Louis Vuitton，简称 LV）以米、棕色条纹及字母图案组合的品牌标志闻名。融合具象与抽象概念，介乎奢华与街头风格之间是 LV 男装设计给人的总体印象，它同样以这种方式，用前卫色感诠释了 2022 早秋男装秀（图 7-11～图 7-13）。

图 7-11 蓝色系休闲风服饰　　　　图 7-12 绿色系休闲风服饰

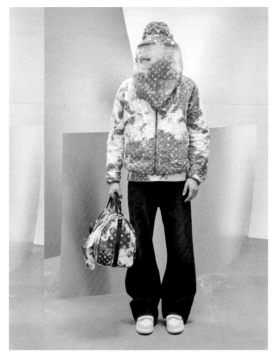

图 7-13 橙色系休闲风服饰

二、女装设计案例

女性服饰的色彩五彩缤纷，并且随着不同的流行潮流千变万化，色彩的使用相较于男性服饰来说范围更广，不同的色系可运用在图案、花纹和服装的不同部分，更富有多变性与设计空间。女装的色彩形式丰富，各种色调的颜色都可以通过不同的搭配来表现不同的女性气质，不论是对比色的搭配、近似色的搭配还是无彩色的搭配，在女装中都有所体现。

体现女性对浪漫及美的追求的色彩主要为暖色调的粉色、红色、橙色、黄色等（图7-14）。就色调来说，除了艳丽的色调外，明亮的浅色调也多为女性的常用色。如三宅一生2021春夏女装系列采用纯度较高的橙色、绿色、紫色等进行撞色设计与拼色设计（图7-15、图7-16），给人视觉上的跳脱感，展现了清新脱俗的女性形象。

图 7-14 暖色调女装

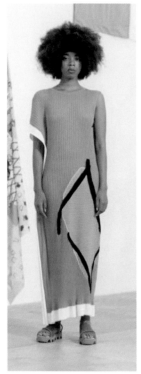

图 7-15　撞色设计系列　　　　　　　　图 7-16　拼色设计系列

女性服饰的品类大致可分为休闲装、礼服装、职业装、运动装等，服饰配件较男性也更为丰富多样，多在日常生活中或社交活动场所搭配使用。不同品类女性服饰的色彩选择较男性服饰而言差异较小。

女性服饰特点与男性的区别体现于更多展现女性的柔美、感性的一面，在廓形上，流线型曲线、水纹状线条都是较男性服饰更多使用到的设计元素。女装设计在色彩使用上也会考虑廓形、裁剪变化，设置较为柔和、有渐变变化的色彩组合。如图 7-17 所示，该款女装在造型上呈现流水状形态，运用不同纯度、明度的绿色系实现水波流动的色彩渐变效果。

1. 博柏利

博柏利（Burberry）是英国的奢侈品品牌，经营产品包含女装、女装配件、化妆品、香水、手表等多种类型。枫棕色、深栗色、藏红花色和黑白色拼接的

图 7-17　某品牌女装成衣

英格兰格纹是该品牌的标志性图案，也是博柏利的代表色系（图 7-18、图 7-19）。

博柏利在 2022 年伦敦时装周上将"ANIMAL INSTINCT"（动物本能）作为本年度春夏女装成衣设计系列的主题，通过提取动物图案及色彩，将其抽象至女性服装上（图 7-20 ~ 图 7-23）。部分款式（图 7-20）沿用品牌经典的奶棕色，并在其上添加不同动物的象征色彩，保留品牌特色的同时也契合了主题。

图 7-18　博柏利 2021/2022
秋冬马甲

图 7-19　博柏利 2021/2022
秋冬羽绒服

图 7-20　基础品牌色与主题结合

图 7-21　鹿纹色彩在服饰上的运用

图 7-22　猫纹色彩在服饰上的运用

图 7-23　奶牛纹色彩在服饰上的运用

2.芬迪

芬迪（Fendi）是意大利著名的奢侈品品牌，黄色是芬迪品牌的标志色，2020年春夏女装系列成衣设计同样以品牌标志色作为整个系列的基调色，并结合米色系、棕色系作为主调色，完成整个秀场的服饰展示（图7-24~图7-27）。

图 7-24　以黄色邻近色为主的服饰设计

图 7-25 黄色作为强调色的服饰设计

图 7-26 米色调上点缀的蓝色元素设计　　　　图 7-27 米色系与奶棕色的搭配

3. 高田贤三

　　高田贤三（KENZO）是由亚洲设计师高田贤三在法国创立的品牌，结合了东方文化的沉稳意境、拉丁民族的热情活泼，大胆创新地融合了缤纷色彩与花朵，创造出活泼明亮、优雅独特的作品。具有民族特色的深葡萄酒红、艳紫、暗茄子色、亮绿和油蓝都是这个品牌经常使用的色彩，构成了五彩缤纷的组合，具备强烈的色彩冲击力（图7-28）。从该品牌的秀场中均能体现出它在高纯度、高明度色彩的大胆运用。

图7-28　高田贤三2021/2022秋冬女装成衣走秀

4. 北面和古驰联名系列

联名是指不同品牌联合打造出来的一款或一系列新品，双方以共同的名义负责新品创作的相关流程，能够集合品牌不同的设计元素打造出令消费者感到新颖的设计亮点，目前在服饰市场上也是常用的营销手段之一。

北面（The North Face）与古驰（Gucci）两家品牌于 2020 年末联名推出了系列服饰产品，部分产品如图 7-29 所示。北面品牌以其白色扇形标识作为品牌标志性特色，而古驰品牌的米色、咖色相间的老花及红绿配色使人印象深刻，两者相结合共同打造出别致的户外时尚美学。

图 7-29　北面和古驰联名系列

随着多元化文化的发展，人们的审美趣味也呈多变之势。尽管在有些新潮服饰中，男女之间的性别差异已较难区别开来，但大部分的服饰仍是以自然的相异性质作为表现基准，这是由两性在体形与气质方面存在较大差别的本质因素所决定的。男装的色彩整体比女装更为稳重，以此展现男性的胸怀及力量，从而也能更加衬托出女性的柔美与动人。

三、童装设计案例

出于满足对于孩子的智力、美感启蒙的需要，以及儿童自身心理对于色彩有着原始的敏感与独特的喜好，设计儿童服饰通常会选用一些高明度、高纯度、色相明确的色彩来作为服饰配色。类似于彩虹色中的红、橙、黄、绿、青、蓝、紫皆可选取，一般表现为活泼生动、可爱鲜艳的用色特征，对比色运用在服饰上也能收到鲜丽、明快的效果（图 7-30）。通过对不同色彩的童装进行搭配组合，协调整体的层次感，从而突出儿童的性格特征及童趣性。

图 7-30 色彩鲜艳的儿童服饰（设计师：孙月方、赵梦菲）

　　不同年龄阶段的童装其色彩也有一定程度的区别：在纯色的基础上通过增加色彩的明度来改变色彩整体浓度，淡淡的色彩主要用于1~3岁婴幼儿的服装，以表现柔软、细腻和可爱之感，如白色、浅蓝、浅粉等（图7-31）。

图7-31　某幼儿童装的浅淡色调设计

　　鲜亮的色彩是 4~6 岁学龄前儿童服饰中最常见的色调，该类色彩饱和度较高，对比也较强烈，给人热闹、欢乐、饱满等视觉感受，较为引人注目，适合表现出儿童的阳光天真、活泼好动（图 7-32）。

图 7-32　儿童服饰的鲜亮色调

　　同时也有一些"小大人"风格的童装，无论款式还是色彩几乎都是成人装的翻版，也能够衬托出儿童的天真烂漫，如图 7-33 所示的儿童服饰产品。少男少女的服饰会运用到一些低饱和度的色彩，避免过于华丽、烦琐，可体现出大方简洁的感觉（图 7-34）。

图 7-33　"小大人"童装的色彩表现

图 7-34　简洁色彩的童装设计

第二节　不同风格的服饰色彩设计案例

　　设计风格即设计的所有要素，包括款式、色彩、材质、配饰，形成统一的外观效果，具有一种鲜明的倾向性。色彩作为服饰风格的要素之一，具有不可替代的视觉强化作用。不同风格的服饰作品，有着不同的色彩语言，将不同情调的色彩语言与服饰的款型、材质、图案等元素有机结合，才能表现出强烈的感染力，使人见物生情，产生精神上的共鸣。

一、商务风格

　　商务风格的服饰指满足当代人在工作职场、商务会谈等商务场合需求的服饰类别。一般的商务场合是指工作中比较正式的场合，比如正式接待、会议场合、谈判场合及会晤、签约、演讲等。通常情况下，商务场合需要着正装出席，商务风格服饰的定义与职业制服有一定相似性，都是为工作需要而特制的服饰。

　　商务风格的服饰多用较为沉稳、低调的整体色彩，以营造庄重、严谨的感觉，颜色普遍为黑色、白色、水银灰、宝石蓝、雾霾蓝、深红棕、深棕，以及各种低饱和度的色彩，面料上以挺阔、有光泽为选择倾向，造型上多以修身、简练为目的，款式多为外套、衬衫、裤装、裙装等，装饰设计点到即可，塑造大气、挺拔、中性、干练的着装形象。设计商务风格的服饰时需根据不同行业的要求，结合职业特征、团队文化、年龄结构、体型特征、穿着习惯等，从服饰的色彩、面料、款式、造型、搭配等多方面考虑，提供最佳设计方案，为着装者打造富于内涵及品位的全新职业形象。

　　近些年来，商务风格服饰也不再是刻板的黑白灰套装，而是朝着更加多彩化的方向发展，如意大利品牌迦达（GIADA）2022春夏系列设计中，包含了更多的单品品类，如裙装、背心、风衣等单品，整体用色有黑色、白色、雾霾蓝、极光蓝、红棕、鹅黄、渐变色等，打造出精致、利落的都市商务风格。又如在 The Row 2022 春夏男装系列中，延续了品牌的极简主义理念，选用黑色、棕色、灰色、藏蓝色、咖色、米白色等低饱和度的色彩，将简洁设计和利落线条贯穿整个系列，营造出低调含蓄的都市白领着装形象（图7-35、图7-36）。

图 7-35　低饱和度的商务风格服饰

图 7-36　具有沉稳色彩特性的商务风格男装

二、职业风格

　　职业风格是从职业装中演变出的一种着装风格。职业装是行业人员从业时按规定穿着的专用服装，它在满足职业功能的前提下，具有实用性、安全性、标识性、美观性、配套性等特点，在提高职工工作效率的同时，树立良好的企业形象。现代职业装设计是实用性与艺术性相结合的一种体现。职业装的色彩设计往往随着行业类型的不同而采取不同的设计手法。职业装的分类方法很多，按照行业类别来分，可大致分为酒店职业装、学生制服、军装制服、行政职能部门职业装、医疗类职业装、商场类职业装、工矿类职业装、公司职员服装等。

　　酒店职业装多用黑色、白色、红色、黄色、灰色等，服饰设计要与企业形象标识相呼应，酒店的风格主题不同对职业装的色彩也有不同要求，酒店内部不同岗位的职业装也会有颜色和细节的区别。职业风格服装的色彩设计，首先要能突出职业特点，服色要与本职业的工作环境相符合，能表现出人的工作性质和特征。如医护职业装选用白色和绿色，给患者以镇定、宁静的感觉，同时其"显脏"的特性也能使医护人员保持服装的清洁和卫生。再如，陆军的绿色军装要与大自然色彩相融合，并适合行进、战斗；空军、海军的蓝色、白色军装要与天空、大海的色彩融为一体。另外，服装色彩也要有助于着装者所从事的专业活动，其中包括环境因素、功能要求、文化心态、民俗习惯等。

　　酒店职业装的设计多选用同色调、不同面料，在一个统一色调中，根据岗位不同运用质地不同的面料，既统一又有变化。不同色彩、面料，同款式变化，这种方法的设计重点在于个体的色彩变化与搭配，当款式变化不大时，可用色彩变化来丰富设计手段。同面料、不同款式的变化，这种方法非常容易把握，效果也很统一。

　　酒店职业装的系列设计经常运用同色不同料、同款不同料、同款不同色、细节装饰变化等方法来强调标志性与岗位分工，利用设计的变化、对比、协调、呼应等法则来体现职业装的识别象征和装饰性（图7-37～图7-40）。

图7-37　酒店职业装设计效果图（岗位：前台迎宾）

图 7-38　酒店职业装设计效果图（岗位：前台迎宾）

图 7-39　酒店职业装设计效果图（岗位：中餐服务员 / 中餐咨客）

图7-40　酒店职业装设计效果图（岗位：酒店经理）

空姐职业装多用鲜明色彩，如蓝色、白色、玫红色、图案花纹色等。款式多为短小外套、包臀裙等，如海南航空的蓝灰色织锦系列的航空制服。护士职业装多用单色、素色，如白色、浅蓝色、浅粉色等，适用于各医疗单位及少量美容、保健机构，款式较单一，常用面料为涤线平、涤卡、全棉纱卡等布料。学生制服的色彩多用蓝色、深红色、卡其色、藏青色等色彩，学生制服被称"学院风"，代表年轻学生的青春活力和可爱时尚。不同国家的学生制服有不同的标识色彩，如中国的蓝白运动校服及欧美的藏青色制服、卡其色制服等。具有代表性的是英格兰"学院风"以简便、高贵为主，以格子的明显图纹为特点，格纹短裙搭配帆布鞋、休闲靴（图7-41）。

图7-41　以学生制服为灵感的职业服装设计

三、休闲风格

休闲风格服饰最初是从 20 世纪初期的专业运动比赛服装中发展并流行起来的，在休息、娱乐或非正式场所穿着的服饰。近年来，休闲和娱乐成为人们生活中的一个重要组成部分，休闲、轻便的服饰也逐渐融入各个不同类别的服饰中。人们把休闲装理解为轻松、随意、舒适的服装，它从最初普遍认同的 T 恤、卫衣及牛仔服，拓展到西装、外套、风衣等多种形式的服装。休闲已成为一种独立的风格类型，成为现代服装的重要特征。

休闲风格服饰没有特定的色彩范围，由于没有特定的场合约束，由此根据不同的设计进行色彩变化，不同的受众可以完全按照个人喜好来选择相应的色彩。如来源于大地色系的休闲风格服饰，尤其是各种暖色调的米色、淡土黄色、灰绿色、咖啡色等会让受众有更加亲切和舒适的视觉感受。

休闲风格服饰以宽松舒适为主，外形多为简洁易穿的款式，如风衣、牛仔外套、破洞牛仔裤、连帽卫衣、针织背心、吊带等，图案也多种多样，其颜色有黑色、银白、米色、水滴灰、蓝灰、茶色、琥珀色等各种中性色和浅淡色调，以及藤黄青、极光蓝、胭脂红、玫瑰紫、葡萄紫、青莲、藕荷色、棕褐、流黄、天水绿等（图 7-42、图 7-43）。

图 7-42　休闲风格的服饰穿搭 1　　　　图 7-43　休闲风格的服饰穿搭 2（设计师：杨妍）

李宁服装品牌在 2021～2022 的悟行系列中，采用传统编织手法贯穿系列，将盘扣设计与休闲卫衣结合，是传统与时尚的碰撞，将厚重的历史元素重塑为现代化的摩登与简洁，诠释对美的拥抱与颠覆。系列设计将日常服饰与中华传统元素重塑在一起，整个系列的色调既有厚重的大地色系——奶油硬糖色、水银灰、斗牛士色、冬日灰蓝，也有高饱和度的蓝色、橙色、极光绿色相互碰撞，以绚丽的扎染、渐变手法，让整个系列色彩搭配巧妙平衡、相得益彰，既有民族历史的沉淀感，又展现出充沛的鲜活感。悟行系列在复古的质感中融入了非常有趣的街头感，将街头文化、运动休闲文化与看似冲突的传统中国风结合，呈现了一场运动和复古深邃碰撞的视觉盛宴（图7-44）。

图7-44　休闲风格的服饰系列（李宁悟行系列）

四、运动风格

运动风格服饰是从用于体育竞技的运动服装中发展而来的。现代运动服出现于19世纪中叶，当时欧洲体育运动逐渐普及，因此便有了专门的运动服装。运动服广义上还包括从事户外体育活动所穿用的服装。运动服通常是按照运动项目的特定要求设计制作。运动服主要分为田径服、球类服、水上服、冰上服、举重服、摔跤服、体操服、登山服、击剑服等。运动风格服饰保留了运动服的机能性，也为非专业运动选手提供了休闲运动的功能性服饰，如户外的外套要注重防风、防水、保暖的防护功能；夏天的短衫要注重透湿、透气性功能，确保人体散发的热气可透过织物排至体外；裤子则要考虑弹性功能，满足运动者奔跑、跳跃的需求。

图7-45　运动风格服饰1

运动风格服饰的款式变化并不是很大，流行趋势主要体现在细节和色彩上，还有越来越符合人体工程学的贴身剪裁。运动风格服饰像运动员参加专业竞技活动如滑雪、赛车、游泳时所穿着的服装一样，用色鲜艳大胆，色彩的纯度及对比偏高，以达到鲜明、醒目的作用。运动风格服饰多用高饱和度的色彩和流畅型的线条，在色彩上多用鲜亮的红色、橙色、绿色、天蓝色、紫色、黄色、橘粉色等。在一些运动品牌的服饰设计中，常用渐变蓝、炭黑、橙红、魅紫等色彩，配以线条、色块等图案造型，加之紧身塑形的功能面料，塑造出流畅、舒适、合体的视觉效果（图7-45）。

如今，休闲运动的理念深入人心，运动服也不再只是运动时如跑步穿的高弹力的紧身裤和运动内衣，同样可以作为日常服饰的一部分进行穿搭。即可以运用某些运动单品，搭配出运动风格的穿搭方法。除此之外，人们对于日常所穿的休闲装也更加注重舒适性和功能性，这也促使服装企业在运动服饰产品的制作中，将高科技合成材料的研发和应用作为重点，如泳衣运动服中的鲨鱼皮泳衣，通过模仿鲨鱼皮的构造，来达到减少水流的摩擦力，使身体周围的水流更快速地流过，以达到快速游动的目的。

图 7-46　运动风格服饰 2

在纺织品中，运动衣风格服饰在服装市场中一直是佼佼者，广受消费者的青睐，尤其是近年来强调功能性的产品，更是深受好评。运动风格服饰的设计强调美观、流畅、碰撞，多使用高饱和度的色彩，以符合运动时着装者的状态（图 7-46）。

五、民族风格

民族风格服饰是指借鉴国内外民族传统服饰风格的当代流行服装。世界上的民族众多，仅中国就有 56 个之多，每一个民族的服饰都具有独特鲜明的个性，不同国家的设计师都可以从世界各民族服饰文化中汲取设计灵感。

民族风格具有很广义的内涵，其服饰色彩也不能一概而论。自 20 世纪初，世界性范围内民族题材的现代服装开始涌现，如波尔·波阿莱的中国孔子式大衣、土耳其式的长裤、日本和式开襟形式的外套等东方色彩强烈的趣味设计作品。这些民族题材风格跨度很大，民族风格可以是中国的袍服配上东南亚夸张的斗篷，也可以是现代服装款式配上传统民族的面料，各个民族和各个时期的元素可以随机碰撞，从而设计出风味别样的民族风格时装。

中国的汉族服饰含蓄而内敛，多为金色、棕色、砖红色、青色、藏蓝色等；而中国的藏族服饰多选用丝绸、茧绸和羊毛布料，颜色普遍为白色、浅黄色、紫色、棕色、黑色，藏族的女性服饰重华丽和装饰，喜爱用色彩绚丽的拼色面料，并以天然珠宝、金银饰品为装饰。印度、马来西亚等东南亚风格的服色则表现得更加金碧辉煌，如印度式莎丽服，马来民族的莎笼、汤匙领贴身罗纹上衣、宽松的束腰半截裙，等等，这些服饰多选用带有浓郁的民族感的颜色，如金、粉彩、粉红、鹅黄、酒红及孔雀蓝，各种层次的紫及草绿等。另外，非洲部落服饰的色彩更具有装饰性特征和图腾意义，有糖果玫瑰红、紫红、鲜红、棕红、橙色、砖红色等。

在中东和印度，佩斯里花纹是一种历史悠久且富有寓意的民族装饰。在某品牌春夏时装秀中，佩斯里再一次以崭新的面貌呈现。该品牌将特色的民族花纹和织物运用到这一次的春夏系列设计中，佩斯里的神秘与浪漫始终贯穿在衣褶之间，沉浸于经典又立足于当下。同时结合多彩的条纹和格子图案，独特的有民族编织感的原生态质感为单品增添了魅力（图 7-47）。

图 7-47　佩斯里图案元素的民族风格服饰

20 世纪 90 年代初，国际时装界出现了一股东方热，在迪奥 1997 年加利亚诺的首秀中，以好莱坞第一位华裔影星黄柳霜为原型，设计了一系列浮夸张扬的旗袍。整个系列以中国旗袍的廓形为基调，用丝绸和皮草面料来表现魅黑、浅紫、鹅黄、桃粉、草绿、丹青、酒红等色彩，同时融入非洲部落的元素，用形状夸张和色彩斑斓的羽毛做装饰，似乎把人们拉回了那个摇曳温婉又性感迷醉的东方风情之中（图 7-48）。近些年来，民族风格再次融入许多服装设计师的世界主题风格中，这种吸收已超越其原有民族的局限，融入了全世界各民族及全人类的审美偏好（图 7-49）。

图 7-48　中国旗袍元素的民族风格服饰

图 7-49　不同地区的民族风格服饰（摄影师：潘宇峰）

六、古典风格

古典主义来源于古典艺术，通常包括公元前古罗马、古希腊艺术和意大利文艺复兴时期的艺术，即古典艺术和新古典艺术，这些艺术追求古希腊、古罗马风格时期理性、典雅、自然纯粹的艺术形态。古典风格服饰在狭义上指当代服饰中对古典艺术时期的风格的借鉴与运用，广义是指在继承传统服装款式、色彩以及材质的基础上保持古典样式的服饰。古典风格服饰的基本特征为：服装款式具有相对稳定感，不被流行因素所左右，服装风格典雅端庄，色泽沉稳、面料高贵具有光泽肌理感等。

古典风格服饰的色彩强调单一、简洁、视觉柔和的色彩，在服饰配色中多以纯色和无花纹的素色为主，偏向于庄重素雅和纯度低的色彩。其主要色彩元素有白色、米色、亚灰、蓝色、紫灰、灰黑、暗红、墨绿、金色等，这些颜色基本在古典风格的设计中起主导作用。其中不同质地的米白色最能代表古典主义风格高雅、内敛庄重的服饰特点。它能使人感受到岁月，感受到古典、传统、文化、保守、高尚。古典主义风格的色彩搭配以单色为主，多色的组合多以邻近色进行搭配，如米色和棕色、粉色与白色等（如图7-50所示）。

图 7-50　浅色系的古典风格服饰1

　　古典主义风格的女装注重外形的柔和与甜美，以舒缓、合理的曲线展现女性体形曲线，展现一种田园般的宁静。服饰用色整体素雅并以织物本身色彩为主，如白色、米色、象牙白、卡其色、奶油色，以及带有不同色彩倾向的浅灰等，这类服饰多以轻柔、垂曳的真丝绸缎面料来表现色彩的纯粹和柔和。如华伦天奴（VALENTINO）的系列设计中（图7-51），采用丝绸面料本身的米白色来表现纯粹自然的感觉，配以精致的金属装饰，利落的剪裁呈现出瀑布般的悬垂效果，飘逸的长裙勾勒出人体的自然曲线，展现出优雅、端庄的古典主义风格。

图7-51　浅色系的古典风格服饰2

参考文献

[1] 贾京生. 服装色彩设计学 [M]. 北京：高等教育出版社，1993.

[2] 潘春宇. 服饰色彩创新设计 [M]. 北京：中国纺织出版社，2021.

[3] 黄元庆. 服装色彩学.6 版 [M]. 北京：中国纺织出版社，2014.

[4] 徐慧明. 服装色彩设计 [M]. 北京：中国纺织出版社，2019.

[5] 陈彬. 服装色彩设计 [M]. 上海：东华大学出版社，2007.

[6] 宁芳国. 服装色彩搭配 [M]. 北京：中国纺织出版社，2018.

[7] 段卫红. 服饰色彩搭配 [M]. 北京：中国轻工业出版社，2014.

[8] 江莉宁，徐乐中. 服装色彩设计 [M]. 北京：中国青年出版社，2010.

[9] 黄国松. 色彩设计学 [M]. 北京：中国纺织出版社，2003.

[10] 王汉辰. 色彩设计与应用 [M]. 沈阳：辽宁科学技术出版社，2018.

[11] 王伯敏. 山水画纵横谈 [M]. 济南：山东美术出版社，2010.

[12] 李正. 服装学概论 [M]. 北京：中国纺织出版社，2007.

[13] 李当岐. 服装学概论 [M]. 北京：高等教育出版社，1990.

[14] 宋柳叶，王伊千，魏丽叶. 服饰美学与搭配艺术 [M]. 北京：化学工业出版社，2019.

[15] 郭廉夫，张继华. 色彩美学 [M]. 西安：陕西人民美术出版社，1992.

[16] 玛依耶芙娜. 色彩心理学 [M]. 闫泓多，译. 石家庄：河北美术出版社，2015.

[17] 叶立诚. 服饰美学 [M]. 北京：中国纺织出版社，2001.

[18] 徐艳芳. 色彩管理原理与应用 [M]. 北京：印刷工业出版社，2011.

[19] 王晓红，朱明. 设计色彩学 [M]. 上海：复旦大学出版社，2018.

[20] 陈彬. 服装色彩设计：从基础搭配到设计运用 [M]. 上海：东华大学出版社，2016.

[21] 李莉婷. 服装色彩设计 [M]. 北京：中国纺织出版社，2015.

[22] 李莉婷. 设计色彩 [M]. 武汉：湖北美术出版社，2010.

[23] 焦小红，林永莲. 服饰色彩教学图例 [M]. 天津：天津人民美术出版社，2014.

[24] 林燕宁. 服饰设计色彩 [M]. 南宁：广西美术出版社，2005.

[25] 张玉升，谢艳萍. 服饰设计与色彩运用 [M]. 北京：中国纺织出版社，2018.

[26] 孟君，刘丽丽，胡兰. 服装色彩设计 [M]. 北京：北京工艺美术出版社，2010.

[27] 徐蓉蓉，吴湘济. 服装色彩设计 [M]. 上海：东华大学出版社，2010.

[28] 吴小兵. 服装色彩设计与表现 [M]. 上海：东华大学出版社，2018.